高职高专国家示范性院校"十三五"规划教材

理实一体化教材

液压与气压传动技术

主　编　代美泉　符林芳

副主编　王颖娴　孔　敏

主　审　高利平　弥红斌

西安电子科技大学出版社

内 容 简 介

　　本书为高职高专院校理实一体化实训教材，是基于校企合作，结合理实一体化实训教学设备，总结作者多年教学经验，根据一体化课程建设要求编写而成的一本以任务为导向、理实相结合的液压与气压技术教材。全书分为三大模块，内容以液压传动技术为主，涵盖液压系统的构成和工作原理、液压系统回路分析以及气压传动技术等内容。全书内容全面系统，紧跟液压、气动技术的发展，引入国家标准，突出电、气、液的综合性，侧重对学生实践操作和应用能力的培养。

　　本书可作为高等职业院校机电类、数控类专业通用教材，适合在实训室现场教学时使用。

图书在版编目(CIP)数据

　　液压与气压传动技术/代美泉，符林芳主编. 一西安：西安电子科技大学出版社，2017.6

　　高职高专国家示范性院校"十三五"规划教材

　　ISBN 978－7－5606－4460－8

　　Ⅰ. ① 液… 　Ⅱ. ① 代… 　② 符… 　Ⅲ. ① 液压传动 　② 气压传动 　Ⅳ. ① TH137 　② TH138

中国版本图书馆 CIP 数据核字(2017)第 075706 号

策　　划	李惠萍　毛红兵
责任编辑	许青青
出版发行	西安电子科技大学出版社(西安市太白南路 2 号)
电　　话	(029)88242885　88201467　　邮　　编　710071
网　　址	www.xduph.com　　　　　电子邮箱　xdupfxb001@163.com
经　　销	新华书店
印刷单位	陕西天意印务有限责任公司
版　　次	2017 年 6 月第 1 版　2017 年 6 月第 1 次印刷
开　　本	787 毫米×1092 毫米　1/16　印　张　14
字　　数	332 千字
印　　数	1～3000 册
定　　价	26.00 元

ISBN 978－7－5606－4460－8/TH

XDUP 4752001－1

前　言

为进一步满足高职高专教学改革和课程建设需要，我们精心组织编写了这本液压与气压传动技术教材。

液压与气压传动技术是研究利用液体和气体进行能量传递及其应用的一门流体传动与控制技术。此项技术涉及工业、军事、民生等众多领域，广泛应用于机械、水利、土木、建筑、冶金、航空、航天、能源、电子产品制造等设备中，是一门典型的集机械、电子、通信、传动技术于一体的综合技术。

本教材以"培养学生的实践操作和应用能力"为主线构建课程体系和教学内容，旨在为培养更多技术技能人才提供坚实的基础。本教材以任务为导向，坚持理论必需、够用的原则，重点突出实践教学环节，大量引入液压元件的拆装与液压回路的分析、仿真、组装和调试等实践教学内容，通过一体化教学，突出培养学生实践操作能力。

本教材将学习内容按模块组织，设立学习情境，采用任务驱动的编写思路，每一情境分任务描述、任务分析、任务目标、相关知识、任务实施、知识检测六个环节，做到了环环相扣，引导学生主动学习，激发学生学习兴趣。

本教材主要具有以下特色：

（1）按模块组织教学内容。本教材将整个学习内容分为三大模块，14个学习情境，内容明确，条理清楚，易于学习者制订学习计划。

（2）设立学习情境，通过任务来驱动。本教材将技能知识点按学习情境设置，引入学习任务，明确学习目标，结合具体实例，详细讲解完成任务所需的相关知识，使学生的认知从感性上升到理性，通过任务实施，化抽象为具体，加入知识检测，巩固学生对所学知识的理解。

（3）任何回路力求完整。本教材在相关知识和知识检测环节中尽量选取完整的液压回路，力求让学生认识组成液压系统的五部分结构，有利于学生对液压系统进行分析，学生可以依照每个情境中的任务实施方案进行实训操作。

（4）教材中的液压与气动图形符号严格执行最新国家标准。

代美泉、符林芳担任本教材的主编，王颖娴、孔敏担任副主编，高利平、弥红斌担任主审。具体分工如下：代美泉、王颖娴编写模块一，符林芳、代美泉、孔敏编写模块二，孔敏、王颖娴编写模块三。参与编写工作的还有陕西工业职业技术学院孙荣创、西安煤矿机械有限公司高工弥红斌、西安十安有限公司技师高超龙等。

为使教材内容更加完善，编者不仅参考了有关院校同类教材，还借助费斯托（FESTO）、力士乐（REXROTH）等公司网站，引进最新科研成果，选用企业真实案例，从而丰富教材内容。在此，对所有给予本书直接或间接支持和帮助的各界人士表示衷心感谢。

尽管我们在编写教材时做了许多努力，但由于编者学识和经验有限，书中难免有欠妥之处，敬请广大读者批评指正。

编　者
2017 年 3 月

目　录

模块一　液压系统的构成和工作原理

学习情境 1　液压传动技术的认知 ………………………………………………………… 2
学习情境 2　工作介质——液压油的特性及流体力学知识 …………………………………… 8
　　学习情境 2.1　认识液压油 …………………………………………………………… 8
　　学习情境 2.2　流体力学知识 ……………………………………………………… 17
学习情境 3　动力元件——液压泵的结构和工作原理 …………………………………… 31
　　学习情境 3.1　液压泵的基本知识 ……………………………………………… 31
　　学习情境 3.2　齿轮泵的认知和拆装 …………………………………………… 37
　　学习情境 3.3　叶片泵的认知和拆装 …………………………………………… 44
　　学习情境 3.4　柱塞泵的认知和拆装 …………………………………………… 51
　　学习情境 3.5　液压泵的选用 …………………………………………………… 59
学习情境 4　执行元件——液压缸和液压马达的结构特点 …………………………… 62
学习情境 5　控制元件——各种液压阀的结构和工作原理 …………………………… 78
　　学习情境 5.1　认识方向控制阀 ………………………………………………… 78
　　学习情境 5.2　认识压力控制阀 ………………………………………………… 91
　　学习情境 5.3　认识流量控制阀 ……………………………………………… 102
学习情境 6　认识液压辅助元件 …………………………………………………… 108

模块二　液压系统回路分析

学习情境 7　方向控制回路 ………………………………………………………… 120
学习情境 8　压力控制回路 ………………………………………………………… 127
学习情境 9　速度控制回路 ………………………………………………………… 137
学习情境 10　多缸控制回路 ……………………………………………………… 153
学习情境 11　液压系统的分析与设计 …………………………………………… 159

模块三　气压传动技术

学习情境 12　气压传动技术概述 ………………………………………………… 186
学习情境 13　气动元件 …………………………………………………………… 191
学习情境 14　气动回路 …………………………………………………………… 205

附录　常用液压与气动元件图形符号 …………………………………………… 212
参考文献 …………………………………………………………………………… 218

模块一 液压系统的构成和工作原理

　　液压传动技术是依靠被封闭于密封容腔内的介质的压力能来传递动力和运动的。相对于机械传动，液压传动是一门新兴技术，具有许多突出的优点，广泛用于机械、工程、冶金、航空、运输等领域，如下图所示。

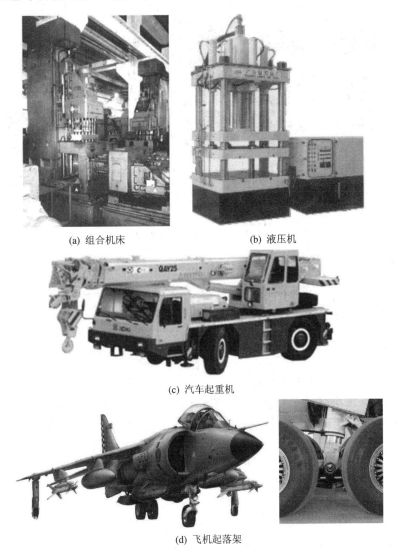

(a) 组合机床　　　　　　　(b) 液压机

(c) 汽车起重机

(d) 飞机起落架

图　液压传动技术应用

　　本模块主要介绍液压系统的工作原理和构成。通过学习本模块，应充分理解液压元件的结构、原理、职能符号等，掌握各类液压元件在液压系统中的作用及应用场合。

学习情境 1　液压传动技术的认知

【任务描述】

进入液压回路控制实训室，我们会看到实训台上种类繁多的液压元件，如图 1-1 所示，对照机床工作台液压回路图，认识各种液压元件，了解液压传动系统的构成，并观察机床工作台上液压回路的动作情况，深入理解液压传动系统的工作原理。

图 1-1　液压系统实训台

【任务分析】

要想辨别液压元件，完成分析机床工作台上液压系统工作原理的任务，首先要从理论上了解各元件，并分析各元件的作用，然后掌握液压回路的工作过程。

【任务目标】

(1) 掌握液压传动的基本工作原理；
(2) 掌握液压传动的组成及各部分的功能；
(3) 了解液压系统的图形符号表示方法；
(4) 了解液压传动的特点。

【相关知识】

一、液压传动的工作原理及组成

液压传动中，人们利用没有固定形状，但具有确定体积的液体来传递动力（能量）。液压千斤顶是机械行业常用的工具，用它可以顶起较重的物体。下面以图 1-2 所示的液压千斤顶为例来说明液压传动的工作原理。

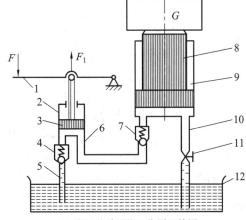

(a) 液压千斤顶的外形图　　　　　　(b) 液压千斤顶的工作原理简图

1—杠杆；2—小液压缸；3—小活塞；4、7—单向阀；5、6、10—油管；

8—大活塞；9—大液压缸；11—截止阀；12—油箱

图 1 - 2　液压千斤顶

1. 液压千斤顶的工作原理

液压千斤顶顶起重物的过程分为重物上升、重物停止、重物回复原位三个阶段。

(1) 重物上升阶段。当用手向上提起杠杆 1 时，小活塞 3 就被带动上升，于是小液压缸 2 的下腔密封容积增大，腔内压力下降，形成部分真空，这时单向阀 7 将所在的通路关闭，油箱 12 中的油液就在大气压力的作用下推开单向阀 4 沿吸油孔道进入小液压缸的下腔，完成一次吸油动作。接着，压下杠杆 1，小活塞 3 下移，小液压缸 2 下腔的密封容积减小，腔内压力升高，这时单向阀 4 自动关闭了油液回油箱的通路，小液压缸下腔的压力油就推开单向阀 7 挤入大液压缸 9 的下腔，推动大活塞 8 向上顶起重物一段距离，如此反复地提压杠杆，就可以使重物不断升起，达到起重的目的。

(2) 重物停止阶段。当杠杆停止动作时，大液压缸 9 下腔油液压力将使单向阀 7 关闭，大活塞 8 连同重物一起被锁住不动，停止在举升位置。

(3) 重物回复原位阶段。当打开截止阀 11 时，大液压缸 9 下腔通油箱，油液流回油箱，大活塞 8 连同重物将在自重作用下向下移，迅速回到原始位置。

液压千斤顶可以看作一个简单的液压传动装置。其左侧部分类似于液压泵，不断从油箱中吸油，并将油液通过配流装置压入右侧部分的举升液压缸中，举升液压缸带动外负载，使之获得所需要的运动。

从液压千斤顶的工作过程可以归纳出液压传动的工作原理如下：

(1) 液压传动以液体(液压油)作为传递运动和动力的工作介质。

(2) 液压传动经过两次能量转换，先把机械能转换为便于输送的液体压力能，然后把液体的压力能转换为机械能对外作功。

(3) 液压传动是依靠密封容器内容积的变化来传递能量的。

2. 液压千斤顶的工作特性

图 1 - 3 所示的液压千斤顶工作原理图的简化模型中，设小活塞、大活塞的作用面积分

别为 A_1、A_2，时间 t 内两活塞的运动速度分别为 v_1、v_2，移动的距离分别为 h_1、h_2。

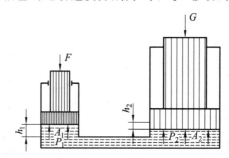

图 1-3 液压千斤顶工作原理图的简化模型

1）压力与负载

根据帕斯卡定律"平衡液压内某一点的压力能等值传递到密闭液体内各处"，则有 $P_1=P_2$，即 $\dfrac{F}{A_1}=\dfrac{G}{A_2}$，得出 $G=\dfrac{A_2}{A_1}F$。由此可知，在液压传动中，力不但可以传递，而且通过改变作用面积（$A_2>A_1$），力还可以放大或缩小。又因为 $P=P_1=P_2=\dfrac{G}{A_2}$，所以，液压系统工作压力的大小取决于外负载。

2）速度与流量

根据容积变化相等的原则，被小活塞压出的油液的体积必然等于大活塞向上升起后大油缸中油液增加的体积，即 $A_1h_1=A_2h_2$，又因为 $h_1=v_1t$，$h_2=v_2t$，所以可得 $A_1v_1=A_2v_2$，这里令 $q=Av$，q 称为流量，可知 $v=\dfrac{q}{A}$。由此可见，物体的运动速度取决于流量。

压力和流量是液压传动中的两个最基本的参数。

3. 液压系统的组成及符号

下面以图 1-4 所示的机床工作台液压系统的原理图为例说明液压系统的组成及符号。

1）液压系统的组成

该系统的工作原理是：液压泵 3 由电动机带动旋转后，从油箱中经过滤器 2 吸油，由泵输出压力油→换向阀 5 →节流阀 6 →换向阀 7 →液压缸 8 左腔，推动活塞并带动工作台向右移动，此时，液压缸右腔的油液→换向阀 7 →回油管→油箱 1；如果将换向阀 7 的手柄位置转换至左位，则经节流阀 6 的压力油→换向阀 7 →液压缸 8 右腔，此时，液压缸左腔的油液→换向阀 7 →回油管→油箱，液压缸中的活塞将带动工作台向左移动；当系统中的换向阀 5 处于左位时，液压泵输出的压力油经换向阀 5 直接流回油箱 1，此时，系统处于卸荷状态，压力油不能进入液压缸。

工作台的移动速度是由节流阀 6 来调节并与溢流阀配合实现的。改变节流阀的开口大小，可以改变进入液压缸的流量，由此可控制液压缸活塞的运动速度，并使液压泵输出的多余流量经溢流阀流回油箱。节流阀的主要功用是控制进入液压缸的流量，进而控制液压缸活塞的运动速度。

为克服大小不同的阻力，要求液压泵输出的油液压力能够进行调节，这个功能是由溢流阀 4 实现的，调节溢流阀弹簧的预压力，就能调节泵输出口的油液压力。溢流阀在液压系统中的主要功用是调节和稳定系统的最大工作压力。

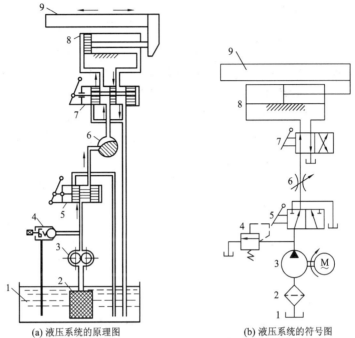

(a) 液压系统的原理图　　　　　(b) 液压系统的符号图

1—油箱；2—过滤器；3—液压泵；4—溢流阀；5、7—换向阀；6—节流阀；8—液压缸；9—工作台

图 1-4　机床工作台液压系统的原理图

从上面的例子可以看出，液压传动系统主要由以下六部分组成，见表 1-1。

表 1-1　液压系统组成

序号	组成部分		功能介绍
1	原动机	电动机	向液压系统提供机械能
2	动力元件	齿轮泵	把原动机所提供的机械能变成油液的压力能，输出高压油液
		叶片泵	
		柱塞泵	
3	执行元件	液压缸	把油液的压力能变成机械能驱动负载作功，实现往复直线运动或旋转运动
		液压马达	
4	控制元件	压力控制阀	控制从液压泵到执行元件的油液的压力、流量和流动方向，从而控制执行元件的力、速度和方向
		流量控制阀	
		方向控制阀	
5	辅助元件	油箱	盛放液压油，向液压泵供应液压油，回收来自执行元件的完成了能量传递之后的低压油液
		油管	输送油液
		过滤器	滤除油液中的杂质，保持系统正常工作所需的油液清洁度
		密封圈	在固定连接或运动连接处防止油液泄漏，以保证工作压力的建立
		蓄能器	储存高压油液，并在需要时释放
		热交换器	控制油液温度
6	工作介质	液压油	是传递能量的工作介质，同时起润滑和冷却作用

2）液压系统的图形符号

图 1 - 4(a)所示的液压系统原理图中，组成系统的各个液压元件的图形基本上表示了它们的结构原理，所以也称之为结构式原理图。结构式原理图近似于实物，直观易懂，但它不能全面反映元件的职能作用，且图形复杂，难于绘制。为了简化液压系统原理图的绘制，国家技术监督局参照国际规定，发布了液压气动图形符号国家标准(GB/T786.1—93)。这些图形符号只表示元件的职能、操作方式及外部连接通路。国家标准规定，液压元件的图形符号应以元件的静止位置或零位来表示。本书附录中介绍了常用液压与气动元件图形符号。

图 1 - 4(b)所示为用图形符号表达的图 1 - 4(a)所示的机床工作台液压系统的结构原理图。

二、液压传动系统的优缺点

与机械传动、电力拖动相比较，液压传动具有以下优缺点。

1．液压传动系统的优点

（1）在同等输出功率的条件下，液压传动装置的体积小，重量轻，结构紧凑。液压马达的体积和重量只有同等功率电动机的 12% 左右。

（2）液压装置工作比较平稳。液压装置由于重量轻，惯性小，反应快，易于实现快速启动、制动和频繁换向。在实现往复回转运动时，换向频率可达 500 次/分钟；在实现往复直线运动时，换向频率可达 1000 次/分钟。

（3）液压装置能在大范围内实现无级调速（调速范围可达 1：2000），且调速性能好。

（4）液压传动容易实现自动化。液压控制和电气控制结合起来使用时，能实现复杂的顺序动作和远程控制。

（5）液压装置易于实现过载保护。液压元件能自行润滑，寿命较长。

（6）液压元件已实现标准化、系列化和通用化，所以液压系统的设计、制造和使用都比较方便。

2．液压传动系统的缺点

（1）液压传动不能保证严格的传动比。这是由于液压油的可压缩性和泄漏等因素造成的。

（2）液压传动中，能量经过二次变换，能量损失较多，系统效率较低。

（3）液压传动对油温的变化比较敏感（主要是黏性），系统的性能随温度的变化而改变。

（4）液压元件要求有较高的加工精度，以减少泄漏，因而成本较高。

（5）液压传动出现故障时不易查找。

总的来说，液压传动的优点是主要的，其缺点会随着科技的不断发展得到克服。将液压传动与气压传动、电力传动、机械传动合理联合运用，可进一步发挥各自的优点，相互补充，弥补各自的不足之处。

【任务实施】

进入液压回路控制实训室，通过观摩教学，认知机床工作台模拟液压系统，了解液压传动系统的组成，深入理解液压传动系统的工作原理。

一、安全注意事项

(1) 液压实训要引入电和高压油，一定要保证实训设备和元器件的完好性。

(2) 要正确安装和固定好元件。

(3) 管路连接要牢固，避免软管脱出而引起事故。

(4) 不得使用超过限制的工作压力。

(5) 要按照要求接好回路，检查无误后才能启动电机。

(6) 实训要求(动作、结果等)不能按要求实现时，要仔细检查错误点，认真分析产生错误的原因。

(7) 进行液压实训时，在有压力的情况下不准拆卸管子。

(8) 要严格遵守各种安全操作规程。

二、观摩教学

(1) 试验台元件讲解。介绍实验台上的元件和模拟机床工作台液压系统所需的元件。

(2) 试验台原理讲解。

① 压力的建立与调压。通过认识溢流阀和泵，建立调压回路，先将压力调为零，然后慢慢地调高压力，通过压力表显示压力的变化值。

② 液压缸运动方向的控制与换向。只有当进油路和回油路都是通畅的时候，压力油进入液压缸的一腔，液压缸的工作压力克服外负载，液压缸才能运动起来。液压缸的换向主要通过换向阀来实现。

(3) 机床工作台模拟液压系统动作。

① 按照液压系统的工作原理图，将所需元件布置在实验台面板上，用油管连接。

② 检查无误后，调松溢流阀，打开电源开关。

③ 启动液压泵，调节溢流阀，操作换向阀，改变液压缸的方向；改变节流阀，控制液压缸的运动速度。

三、学生训练

将学生分组，按要求进行训练，教师现场指导。

【知识检测】

1. 什么是液压传动？

2. 液压传动的工作原理是什么？

3. 与其他传动方式相比，液压传动的主要优缺点有哪些？

学习情境 2　工作介质——液压油的特性及流体力学知识

在液压传动中，最常用的工作介质是液压油。液压油作为液压系统中的流体，影响着液压系统输出力的大小和液压油运动速度的快慢，只有掌握液压油的特性及相关的流体力学知识，才能真正理解液压传动系统的构成和工作原理并设计出符合要求的液压回路。

学习情境 2.1　认识液压油

【任务描述】

液压油是液压系统中传递能量的工作介质，还具有润滑、密封、冷却、防锈等作用。液压油性能的优劣，选择是否得当，对液压系统能否有效、可靠地工作影响很大。因此在研究液压系统之前，必须对液压油有一个基本认识，如液压油有哪些物理性质，如何进行分类，选用原则是什么。

【任务分析】

要想解答这些疑问，必须先了解液压油的物理特性及性能参数，根据性能参数进行分类，合理选用不同的液压油。

【任务目标】

(1) 了解液压油的作用；
(2) 掌握液压油的黏度的物理意义；
(3) 掌握液压油的黏度特性及可压缩性；
(4) 掌握液压油的选用原则。

【相关知识】

一、液压油的物理性质

1. 密度

单位体积液体的质量称为该液体的密度，其计算公式如下：

$$\rho = \frac{m}{V} \tag{2-1}$$

式中：m——液体的质量（kg）；

V——液体的体积（m³）；

ρ——液体的密度（kg/m³）。

密度是液体的一个重要的物理量参数，随着温度或压力的变化，其密度也会发生变化，但变化量一般很小，可以忽略不计。一般液压油的密度近似为 900 kg/m³。

2. 黏性与黏度

1）黏性

液体在外力作用下流动时，分子间的内聚力会阻碍分子间的相对运动而产生一种内摩擦力，液体的这种产生内摩擦力的性质称作液体的黏性。液体只有在相对运动时才会出现黏性，静止液体不显示黏性。

黏性使流动液体内部各层间的速度不等。以液体沿图 2-1 所示的平行平板间的流动情况为例，设上平板以速度 v_0 向右运动，下平板固定不动。紧贴于上平板的液体层黏附于上平板上，其速度与上平板相同。紧贴于下平板上的液体层黏附于下平板上，其速度为零。中间液体层的速度按线性分布。因此不同速度液体层相互制约而产生内摩擦力。

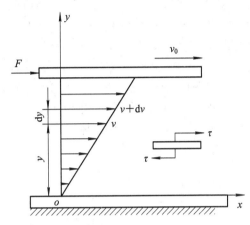

图 2-1　液体的黏性示意图

实验测定结果指出，液体层间的内摩擦力 F_f 与液体层的接触面积 A 及液体层的相对流速 $\mathrm{d}v$ 成正比，而与这两个流体层间的距离 $\mathrm{d}y$ 成反比，即

$$F_f = \mu A \frac{\mathrm{d}v}{\mathrm{d}y} \qquad (2-2)$$

式中：μ——比例系数，也称为液体的黏性系数或黏度；

$\dfrac{\mathrm{d}v}{\mathrm{d}y}$——相对运动速度对液体层间的距离的变化率，也称为速度梯度。

此公式称为牛顿黏性公式，也称牛顿内摩擦定律。

2）黏度

黏度用来表示黏性的大小，黏度是衡量黏性的重要指标。常用的黏度有动力黏度、运动黏度和相对黏度三种。

（1）动力黏度。动力黏度由式（2-2）导出，即

$$\mu = \frac{F_f}{A \dfrac{\mathrm{d}v}{\mathrm{d}y}} = \frac{\tau}{\dfrac{\mathrm{d}v}{\mathrm{d}y}} \qquad (2-3)$$

动力黏度的物理意义是：液体在单位速度梯度下流动时，单位面积上的内摩擦力的大小。动力黏度又称绝对黏度。

动力黏度的 SI（国际单位制）计量单位为牛顿·秒/米^2，符号为 N·s/m^2，或帕·秒，符号为 Pa·s。

（2）运动黏度。运动黏度是动力黏度 μ 与液体密度 ρ 的比值，用符号 ν 表示，即

$$\nu = \frac{\mu}{\rho} \qquad (2-4)$$

运动黏度无明确的物理意义，因为在它的单位中只有长度和时间量纲，所以被称为运动黏度。

运动黏度的 SI 单位为米^2/秒，符号为 m^2/s，CGS（高斯单位制）计量单位为斯（相当于

厘米²/秒），符号为 S_t。斯的单位太大，应用不便，常用厘斯来表示，符号为 cS_t。它们之间的换算关系式为

$$1 \ m^2/s = 10^4 \ S_t = 10^6 \ cS_t \tag{2-5}$$

（3）相对黏度。动力黏度和运动黏度是理论分析和推导中经常使用的黏度单位。它们都难以直接测量，因此，工程上采用另一种可用仪器直接测量的黏度单位，即相对黏度。

相对黏度是以相对于蒸馏水的黏性的大小来表示该液体的黏性的。相对黏度又称条件黏度。由于测量条件不同，各国相对黏度的单位也不同。例如，美国采用赛氏黏度（SSU），英国采用雷氏黏度（R），我国采用恩氏黏度（°E）。

图 2-2 中，恩氏黏度用恩氏黏度计测量装置测定。其方法是：测定 200 cm^3 某一温度的被测液体在自重作用下流过直径为 2.8 mm 的小孔所需的时间 t_A，然后测出同体积的蒸馏水在 20℃时流过同一孔所需的时间 t_B（$t_B=50\sim52$ s），t_A 与 t_B 的比值即为液体的恩氏黏度值。恩氏黏度用符号 °E 表示。被测液体温度 t℃时的恩氏黏度用符号 °E_t 表示，是一个无量纲的量，即

$$°E_t = \frac{t_A}{t_B} \tag{2-6}$$

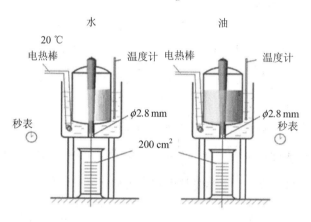

图 2-2　恩氏黏度计测量装置

工业上一般以 20℃、50℃、100℃作为测定恩氏黏度的标准温度，并相应地以符号 °E_{20}、°E_{50}、°E_{100} 来表示。

工程中常采用先测出液体的相对黏度，再根据关系式换算出动力黏度或运动黏度的方法。恩氏黏度与运动黏度的换算关系式为

$$\nu = (7.31°E_t - \frac{6.31}{°E_t}) \times 10^{-6} \quad (m^2/s) \tag{2-7}$$

3）影响黏度的因素

（1）温度的影响。温度对液体黏度的影响较大，液体的温度升高，其黏度下降。这是由于温度升高时，分子间距增大，内聚力减小，黏度也随之降低。液体黏度随温度变化的特性称为黏温特性。图 2-3 所示为几种典型液压油的黏温特性曲线图。

（2）压力的影响。液体所受的压力增加时，其分子间距缩小，内聚力增大，黏度也随之增大。图 2-4 所示为液压油黏压特性曲线图。当压力不高且变化不大时，压力对液体黏度的影响较小，一般可忽略不计。当压力较高（大于 10 MPa）或压力变化较大时，需要考虑压力对黏度的影响。

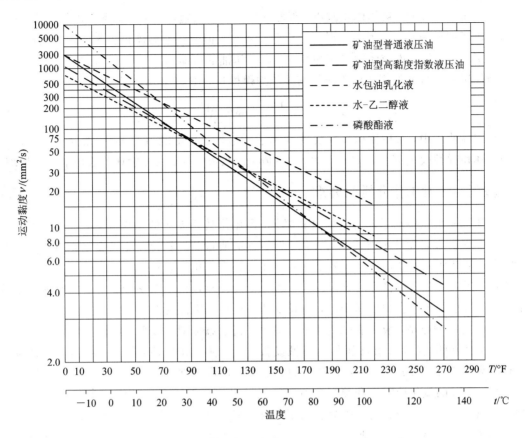

图 2-3 典型液压油的黏温特性曲线图

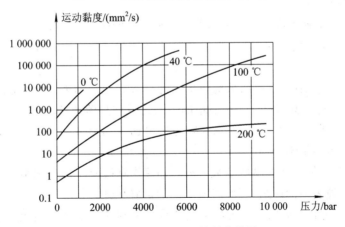

图 2-4 液压油黏压特性曲线图

3. 液体的可压缩性

液体受压力作用而体积缩小的性质称为液体的可压缩性,用体积压缩系数 k 表示,其物理意义是单位压力变化下的液体体积的相对变化量。设液体体积为 V_0,液体压力变化量为 Δp,液体体积变化量为 ΔV,则

$$k = -\frac{1}{\Delta p} \frac{\Delta V}{V_0} \qquad (2-8)$$

由于压力增加时，液体体积减小，因此式(2-8)的右边需加一个负号，以使 k 为正值。液体的可压缩性很小，在很多情况下可以忽略不计。但受压液体体积较大或进行液压系统动态分析时，必须考虑液体的可压缩性。常用液压油的压缩系数 $k=(5\sim7)\times10^{-10}\,\mathrm{Pa}^{-1}$。

液体压缩系数 k 的倒数称为液体的体积弹性模量，用 K 表示，即

$$K = \frac{1}{k} = -\Delta p\,\frac{V_0}{\Delta V} \tag{2-9}$$

在实际使用中，常用体积弹性模量 K 来表示液体抗压缩能力的大小。常温下，纯净液压油的体积弹性模量 $K=(1.4\sim2.0)\times10^9\,\mathrm{Pa}$，此数值很大，故一般认为液压油不可压缩。

二、液压系统对工作介质的要求

液压油是液压传动系统的重要组成部分，是用来传递能量的工作介质，还起着润滑运动部件和保护金属元件不被锈蚀的作用。液压油的质量及其各种性能将直接影响液压系统的工作。从液压系统使用油液的要求来看，有以下几个方面：

(1) 适宜的黏度和良好的黏温特性。黏度过大会导致机械效率降低，泵的吸入性能降低；黏度过小会导致容积效率降低，油膜变薄，不利于机件的润滑。黏度指数越高表示油液受温度的影响越小，液压油可以通过添加黏度指数添加剂来改善其黏温特性。

(2) 良好的润滑性。在液压传动机械设备中，除液压元件外，其他一些有相对滑动的零件也要用液压油来润滑，因此液压油应具有良好的润滑性。

(3) 良好的氧化稳定性和热稳定性。氧化稳定性是指油液耐氧化的能力。油液受热，遇到空气中的氧、水和金属物质会氧化而生成有机酸和聚合物，液压油的颜色会变深，酸值会增加，黏度会变化，生成沉淀物质(焦油)，因此液压油的腐蚀性增加，液压元件的小孔堵塞并加剧磨损。

热稳定性是指油液在高温下抵抗化学反应和分解的能力。油液高温下会加快裂解和聚合，金属表面还具有催化剂的作用。所以液压油必须耐受一定的高温，且避免在极高的温度下工作。

(4) 良好的抗乳化性。液压油抵抗与水混合形成乳化液的能力叫抗乳化性。水是液压系统中的一种污染物，潮湿的空气从油箱的吸入孔或油缸活塞杆回缩而带入系统，液压油有吸水性，经过激烈的搅动，油中的水很容易析出而与油形成乳化液，这时的水以微小的水珠分散相存在于油的连续相中。

水可导致腐蚀，加速油液腐败变质，破坏油膜，降低液压油的润滑性。加入破乳化剂(石油磺酸盐，一种表面活性剂)可改善液压油的抗乳化性。

(5) 良好的抗泡性。液压油抵抗与空气结合形成泡沫的能力叫抗泡性。空气引起油液的弹性模量降低，使系统的动态性能降低，导致振动和噪声，加剧气蚀。

(6) 良好的防锈蚀性。空气中的氧、水、各种添加剂与液压油发生氧化和分解所产生的酸性物质都可能对金属表面产生腐蚀，加剧磨损。添加防锈剂(十二烯基丁二酸等)可改善液压油的防锈蚀性。

(7) 与密封材料的相容性。相容性指液压油与密封材料之间不发生相互损坏的现象，主要是指液压油与密封件接触后，不损坏密封件，不降低密封件的密封性能。

(8) 流动点和凝固点低，闪点(明火使油面上油蒸气内燃，但油本身不燃烧的温度)和

燃点要高。

此外，对油液的无毒性、价格等也应根据不同情况有所要求。

三、液压油的种类及选用

1. 液压油的种类

液压油的种类繁多，分类方法各异，常用的有以下两种分类方法：石油基液压油、难燃液压油。

1）石油基液压油

石油基液压油是以石油的精炼物为基础，加入抗氧化剂或抗磨剂等混合而成的液压油。根据不同性能、不同品种、不同精度，加入不同的添加剂。按照ISO规定，采用40℃时油液的运动黏度（mm²/s）作为油液黏度牌号，共分为10、15、22、32、46、68、100、150等8个等级，主要有普通液压油（YA）、专用液压油、抗磨液压油（YB）、高黏度指数液压油（YD）。

2）难燃液压油

难燃液压油主要有以下几类：

（1）合成液压油。磷酸酯液压油是难燃液压油之一，它的使用范围宽，为 $-54℃ \sim 135℃$。优点是抗燃性，抗氧化性，润滑性好；缺点是与多种密封材料的相容性差，有一定的毒性，适用于有抗燃性要求的高压精密系统。

（2）水-乙二醇液压油。这种液体是由水、乙二醇和添加剂组成的，蒸馏水占35％～55％，因而抗燃性好，能在 $-30℃ \sim 60℃$ 下使用，适用于有抗燃性要求的中低压系统。

（3）乳化液。乳化液属抗燃性液压油，它由水、基础油和各种添加剂组成。乳化液分为水包油乳化液和油包水乳化液，前者含水量为90％～95％，后者含水量为40％左右。

液压油具体类型见表2-1。

表 2-1 液压油类型

类 别				组成与特性	代 号	
工作介质	石油基液压油			无添加剂石油基液压油	L-HH	
				HH＋抗氧化剂、防锈剂	L-HL	
				HL＋抗磨剂、HL＋增黏剂	L-HM、L-HR	
				HM＋增黏剂	L-HV	
				HM＋防爬剂	L-HG	
	难燃液压油	含水液压油	高含水液压油	水包油乳化液	L-HFA	L-HFAE
				水的化学溶液		L-HFAS
			油包水乳化液		L-HFB	
			水-乙二醇		L-HFC	
		合成液压油	磷酸酯		L-HFDR	
			氯化烃		L-HFDS	
			HFDR＋HFDS		L-HFDT	
			其他合成液压油		L-HFDU	

2．液压油的选用

正确合理地选用液压油，是保证液压系统正常和高效工作的前提。选用液压油时常采用两种方法：一种是根据液压元件生产厂样本和说明书所推荐的品种号数来选用液压油；另一种是根据液压系统的具体情况，如工作压力、工作温度、液压元件种类及经济性等因素来选用液压油。选用液压油时，常从以下几个方面依次考虑：

（1）选择合适的液压油品种。常见液压油系列品种见表 2-2。

（2）确定适用的黏度范围。在选用液压油时，黏度是一个重要的参数。黏度的高低将影响运动部件的润滑、缝隙的泄露以及流动时的压力损失、系统的发热温升等。所以，在环境温度较高，工作压力较高或运动速度较低时，为减少泄漏，应选用黏度较高的液压油，否则相反。

（3）考虑液压系统工作条件的特殊要求。

在寒冷地区工作的系统要求油的黏度指数高，低温流动性好，凝固点低；伺服系统要求油质纯，压缩性小；高压系统则要求油液抗磨性好。

（4）经济性和供货情况。这方面包括价格、使用寿命、对液压元件寿命的影响、货源以及系统维护等。

总的来说，应尽量选用较好的液压油，虽然初始成本要高一些，但由于优质油液使用寿命长，对元件损害小，所以从整个使用周期看，其经济性要比选用劣质油好一些。

表 2-2　常见液压油系列品种

种　类	牌　号		原　名	用　途
	油名	代　号		
普通液压油	N32 号液压油 N68G 号液压油	YA - N32 YA - N68	20 号精密机床液压油 40 号液压-导轨油	用于在环境温度 0℃～45℃ 工作的各类液压泵的中、低压液压系统
抗磨液压油	N32 号抗磨液压油 N150 号抗磨液压油 N168K 号抗磨液压油	YA - N32 YA - N150 YA - N168 K	20 抗磨液压油 80 抗磨液压油 40 抗磨液压油	用于在环境温度 －10℃～40℃ 工作的高压柱塞泵或其他泵的中、高压系统
低温液压油	N15 号低温液压油 N46D 号低温液压油	YA - N15 YA - N46 D	低凝液压油 工程液压油	用于在环境温度 －20℃至高于 40℃ 工作的各类高压油泵系统
高黏度指数液压油	N32H 号高黏度指数液压油	YD - N32 D		用于温度变化不大且对黏温性能要求更高的液压系统

四、液压油的污染与防护

液压油是否清洁，不仅影响液压系统的工作性能和液压元件的使用寿命，而且直接关系到液压系统是否能正常工作。据统计，液压系统多数故障是由于油液污染造成的，因此了解与研究油液污染的原因，对油液污染加以控制是十分必要的。

1. 液压油被污染的原因

如图 2-5 所示，液压油污染源很多，根据杂质侵入方式的不同，可分为潜在污染、侵入污染、再生污染三种。

(1) 潜在污染。液压系统开始工作之前，自制的零件在加工、装配、试验、储存、运输等过程中，铸造型砂、切屑、磨料、焊渣、锈片、涂料细片、橡胶碎块及灰尘等有害物质就已潜伏在系统中，同样，在外购件中也会潜伏着上述污染物。

(2) 侵入污染。液压系统在工作过程中，外来污染物(如灰尘、潮气、异种油等)可经油箱通气孔和加油口侵入系统，如通过往复运动的活塞杆、注入系统中的油液、油箱中流动的空气、溅落或凝结的水滴、流回油箱中的漏油等使污染物侵入系统中，造成污染。

(3) 再生污染。再生污染是指液压油在液压系统工作中生成的污染物，如零件的残锈、剥落的漆片、运动件和密封材料的磨损颗粒、过滤材料脱落的颗粒或纤维等。

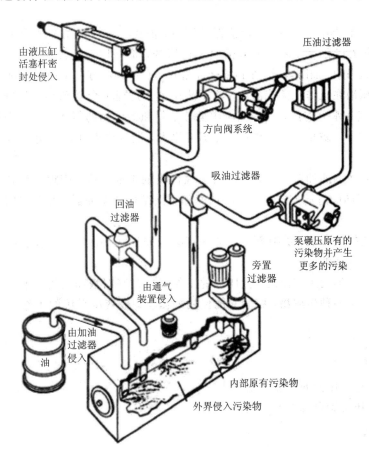

图 2-5　液压油污染源

2. 液压油污染的危害

液压油污染严重时，直接影响液压系统的工作性能，使液压系统经常发生故障，进而使液压元件寿命缩短。

（1）胶状生成物：堵塞过滤器、阀小孔或缝隙。

（2）微小颗粒：进入到元件里，会使元件的滑动部分磨损加剧。

（3）水分和空气：使液压油的润滑能力降低并使液压油加速氧化变质，产生气蚀。

3. 防止液压油污染的措施

造成液压油污染的原因多而杂，液压油自身又在不断地产生脏物，因此要彻底解决液压油的污染问题是很困难的。为了延长液压元件的寿命，保证液压系统可靠地工作，将液压油的污染度控制在某一限度以内是较为切实可行的办法。对液压油的污染控制工作主要从两个方面着手：一是防止污染物侵入液压系统，二是把已经侵入的污染物从系统中清除出去。污染控制要贯穿于整个液压装置的设计、制造、安装、使用、维护和修理等各个阶段。为防止油液污染，在实际工作中应采取如下措施：

（1）使液压油在使用前保持清洁。液压油在运输和保管过程中都会受到外界污染。新买来的液压油看上去很清洁，其实很"脏"，必须将其静放数天后经过滤加入液压系统中使用。

（2）使液压系统在装配后、运转前保持清洁。液压元件在加工和装配过程中必须清洗干净，液压系统在装配后、运转前应彻底进行清洗，最好用系统工作中使用的油液清洗，清洗时油箱除通气孔（加防尘罩）外必须全部密封，密封件不可有飞边、毛刺。

（3）使液压油在工作中保持清洁。液压油在工作过程中会受到环境污染，因此应尽量防止工作中空气和水分的侵入，为完全消除水、气和污染物的侵入，采用密封油箱，通气孔上加空气滤清器，防止尘土、磨料和冷却液侵入，经常检查并定期更换密封件和蓄能器中的胶囊。

（4）采用合适的滤油器。这是控制液压油污染的重要手段。应根据设备的要求，在液压系统中选用不同的过滤方式、不同的精度和不同结构的滤油器，并要定期检查与清洗滤油器和油箱。

（5）定期更换液压油。更换新油前，油箱必须先清洗一次，系统较脏时，可用煤油清洗，排尽后再注入新油。

（6）控制液压油的工作温度。液压油的工作温度过高对液压装置不利，液压油本身也会加速变质，产生各种生成物，缩短它的使用期限。一般液压系统的工作温度最好控制在55℃以下。

【**任务实施**】

1. 测量普通液压油的常温黏度。
2. 清洗液压实验台或更换滤油器。

【**知识检测**】

1. 什么是液体的黏性？
2. 常用的黏度表示方法有几种？它们的表示符号和单位各是什么？
3. 液压油的牌号和黏度有什么关系？
4. 简述黏度与温度和压力的关系。

学习情境 2.2　流体力学知识

【任务描述】

如图 2-6 所示，泵要驱动液压缸克服负载 F，以速度 v_2 运动。设液压缸中心距泵出口处的高度为 h，根据伯努利方程来确定泵的出口压力 p。

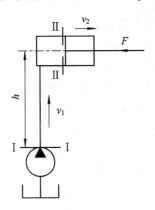

图 2-6　液压回路图

【任务分析】

液体力学包括液体静力学和液体动力学，它们是液压传动的物理学基础，也是分析液压系统中各种物理现象的理论基础。同时由于液压传动系统对输出力的大小、运动速度等往往也有较严格的控制要求，只有掌握相关的基础理论，才能真正理解液压传动系统的构成和工作原理并设计出符合要求的液压回路。

【任务目标】

（1）了解流体静压力的性质及静力学基本方程；
（2）掌握压力的表示方法；
（3）掌握有关液体动力学的几个基本概念；
（4）掌握动力学方程及其应用。

【相关知识】

一、流体静力学

流体静力学所研究的是静止流体的力学性质。所谓"静止"，指的是液体内部质点间没有相对运动，不呈现黏性。

1. 液体静压力及特性

1）液体静压力

所谓液体静压力，是指静止液体单位面积上所受的法向力，物理学中称之为压强，液压传动中习惯称之为压力，用 p 表示。如果在液体内某点处微小面积 ΔA 上作用有法向力

ΔF，则 $\Delta F/\Delta A$ 的极限值就为该点处的静压力，即

$$p = \lim_{\Delta A \to 0} \frac{\Delta F}{\Delta A} \qquad (2-10)$$

若法向力均匀地作用在面积 A 上，则压力表示为

$$p = \frac{F}{A} \qquad (2-11)$$

式中：A——液体有效作用面积；

F——液体有效作用面积上所受的法向力。

液体静压力分为质量力和表面力两种。

（1）质量力：作用在液体所有质点上，它的大小与质量成正比，属于这种力的有重力、惯性力等。单位质量液体受到的质量力称为单位质量力，在数值上等于加速度。

（2）表面力：可以是与液体相接触的其他物体（如活塞、大气层）作用在液体上的力，这是外力。也可以是一部分液体作用在另一部分液体上的力，这是内力。由于理想液体质点间的内聚力很小，因此液体不能受拉，只能受压。

ISO 规定，压力的单位为帕斯卡，简称帕，符号为 Pa，$1\ Pa = 1\ N/m^2$。由于这个单位很小，工程上使用不方便，因此常采用兆帕，符号为 MPa，$1\ MPa = 10^6\ Pa$。目前，压力单位"巴"也很常用，它的符号为 bar，$1\ bar = 10^5\ Pa$。

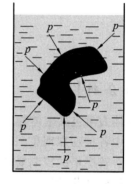

2）液体的静压力特性

液体的静压力如图 2-7 所示。液体的静压力具有两个重要特性：

（1）液体静压力的方向总是作用在内法线方向上；

（2）静止液体内任一点的液体静压力在各个方向上大小都相等。

图 2-7　液体的静压力特性

2. 静力学基本方程

1）静力学基本方程

静止液体内部受力情况可用图 2-8 来说明。设容器中装满液体，在任意一点 A 处取一微小面积 ΔA，该点距液面深度为 h。为了求得任意一点 A 的压力，可取 ΔAh 这个液柱为分离体。根据静压力的特性，作用于这个液柱上的力在各个方向上都平衡，现建立各作用力在垂直方向的平衡方程。微小液柱顶面上的作用力为 $p_0 \Delta A$（方向向下），液柱本身的重力 $G = \rho g h \Delta A$（方向向下），液柱底面所受的作用力为 $p \Delta A$（方向向上），则平衡方程为

$$p\Delta A = p_0 \Delta A + \rho g h \Delta A \qquad (2-12)$$

整理可得

$$p = p_0 + \rho g h \qquad (2-13)$$

式（2-13）为液体静力学基本方程。

说明：

（1）静止液体内部任一点处的压力都由两部分组成：液面压力 p_0 和该点以上液体自重形成的压力 $\rho g h$。

（2）静止液体内，由于液体自重而引起的那部分压力随液深 h 的增加而增大，即液体内的压力 p 与液体深度成正比。

（3）图 2-9 所示离液面深度相同处各点的压力均相等，由压力相等的点组成的面称为等压面。在重力的作用下，静止液体中的等压面是一个水平面。

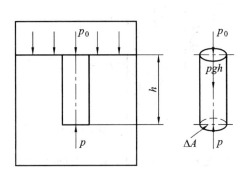

图 2-8　静止液体内压力分布图

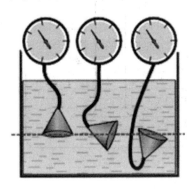

图 2-9　相同深度处的压力图

2）静压力方程的物理意义

如图 2-10 所示，盛有液体的容器放在基准面 xoz 上。将式（2-13）按坐标 z 变换一下，即以 $h=Z_0-Z$ 代入式（2-13），整理后得

$$p+\rho g Z = p_0+\rho g Z_0 \qquad (2-14)$$

$$\frac{p}{\rho g}+Z = \frac{p_0}{\rho g}+Z_0$$

$$= \text{const（常数）} \qquad (2-15)$$

式中：Z——单位重量液体的位能；

$\dfrac{p}{\rho g}$——单位重量液体的压力能。

静力学基本方程的物理意义：静止液体内任意一点都具有位能和压力能两种能量形式，且其总和在任意位置保持不变，但两种能量形式之间可以互相转换。

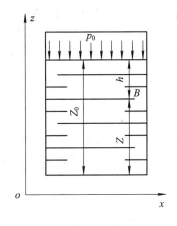

图 2-10　静压力方程的物理意义

3. 压力的表示方法

压力的表示法有两种：绝对压力和相对压力。绝对压力是以绝对真空作为基准所表示的压力；相对压力是以大气压力作为基准所表示的压力。

由于大多数测压仪表所测得的压力都是相对压力，故相对压力也称表压力。绝对压力与相对压力的关系为

绝对压力＝相对压力＋大气压力

如图 2-11 所示，如果液体中某点处的绝对压力小于大气压，这时在这个点上的绝对压力比大气压小的部分数值称为真空度，即

真空度＝大气压力－绝对压力

绝对压力、相对压力和真空度的相对关系见图 2-12。

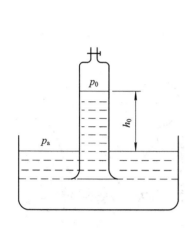

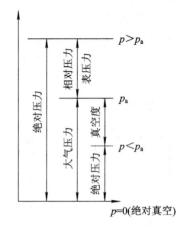

图 2-11 真空　　　　　　　　　图 2-12 绝对压力、相对压力和真空度的相对关系

4. 静压力对固体壁面的作用力

静止流体和固体壁面相接触时，固体壁面上各点在某一方向上所受流体的压力总和便是流体在该方向上作用于固体壁面上的力。

1）静压力作用在平面上的作用力

静压力作用在平面上的作用力：

$$F = pA \tag{2-16}$$

式中：p——液体的压力；

A——受压平面面积。

2）静压力作用在曲面上的作用力

如图 2-13 所示，静压力作用在圆球面和圆锥面上时，有

$$F_x = pA_x \tag{2-17}$$

式中：F_x——总作用力 F 在 x 方向的分力；

A_x——曲面在 x 方向的投影面积。

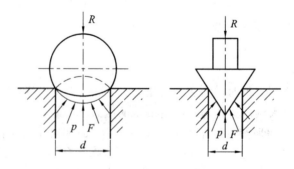

图 2-13 液体静压力作用在曲面上

【例 2-1】 某安全阀如图 2-14 所示。阀芯为圆锥形，阀座孔径 $d = 10\ mm$，阀芯最大直径 $D = 15\ mm$。当油液压力 $p_1 = 8\ MPa$ 时，压力油克服弹簧力顶开阀芯而溢油，出油腔有背压 $p_2 = 0.4\ MPa$。试求阀内弹簧的预紧力。

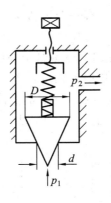

图 2-14　安全阀

解　（1）压力 p_1、p_2 作用在阀芯锥面上的投影面积分别为 $\dfrac{\pi d^2}{4}$ 和 $\dfrac{\pi(D^2-d^2)}{4}$，故阀芯受到的向上作用力为

$$F_1 = p_1\,\frac{\pi d^2}{4} + p_2\,\frac{\pi(D^2-d^2)}{4}$$

（2）压力 p_2 向下作用在阀芯平面上的作用力为

$$F_2 = p_2\,\frac{\pi D^2}{4}$$

（3）弹簧预紧力 F_s 等于阀芯两侧作用力之差。阀芯受力平衡方程式为

$$F_1 = F_2 + F_s$$

即

$$F_s = F_1 - F_2$$

$$F_s = p_1\,\frac{\pi d^2}{4} + p_2\,\frac{\pi(D^2-d^2)}{4} - p_2\,\frac{\pi D^2}{4}$$

$$F_s = 597\ \text{N}$$

二、流体动力学

在液压传动系统中，液压油总是在不断地流动着，流体动力学就是研究液体流动时流速和压力的变化规律的学科。

1. 基本概念

1）理想液体和实际液体

液体在流动过程中，要受重力、惯性力、黏性力等多种因素的影响，其内部各处质点的运动各不相同，使流动液体的研究变得复杂。为了简化分析和研究过程，我们引入理想液体的概念——理想液体是指既无黏性又不可压缩的液体。在研究流动液体前，我们首先对理想液体进行研究，然后再通过实验验证的方法对所得的结论进行补充和修正。这样，不仅使问题简单化，而且得到的结论在实际应用中仍具有足够的精确性。与理想液体相反，我们把既具有黏性又可压缩的液体称为实际液体。

2）恒定流动和非恒定流动

液体流动时，液体中任意点处的压力 p、流速 v 和密度 ρ 都不随时间而变化，称为恒定流动。反之，流体的运动参数中，只要有一个运动参数随时间而变化，液体的运动就是非恒定流动。

在图 2-15(a)中，我们对容器流出的流量给予补偿，使其液面高度不变，这样，容器中各点的液体运动参数 p、v、ρ 都不随时间而变，这就是恒定流动。在图 2-15(b)中，我们不对容器的流出流量给予补偿，则容器中各点的液体运动参数将随时间而改变，例如随着时间的消逝，液面高度逐渐减低，因此，这种流动为非恒定流动。

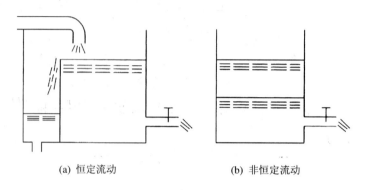

(a) 恒定流动　　　　　　　　(b) 非恒定流动

图 2-15　恒定出流与非恒定出流

3）迹线、流线、流管、通流截面

（1）迹线：流动液体的某一质点在某一时间间隔内在空间的运动轨迹。它描述流场中同一质点在不同时刻的运动情况。

（2）流线：表示某一瞬时，液流中各处质点运动状态的一条条曲线，如图 2-16(a)所示。在此瞬时，流线上各质点的速度方向与该线相切。流线描述了流场中不同质点在同一时刻的运动情况。在定常流动时，流线不随时间而变化，这样流线就与迹线重合。由于流动液体中任一质点在其一瞬时只能有一个速度，所以流线之间不可能相交，也不可能突然转折。

（3）流管：在一流动空间中任意画一不属于流线的封闭曲线，沿经过此封闭曲线上的每一点作流线，由这些流线组合的表面称为流管，如图 2-16(b)所示。流管内的流线群称为流束。

（4）通流截面：流束中与所有流线正交的截面称为通流截面。截面上每点处的流动速度都垂直于这个面。通流截面可能是平面，也可能是曲面，如图 2-16(c)所示。

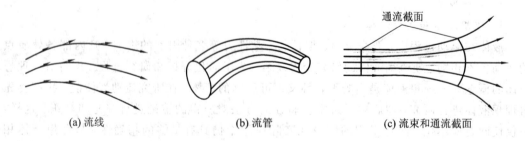

(a)流线　　　　　　　　(b)流管　　　　　　　　(c)流束和通流截面

图 2-16　流线、流管、流束、通流截面

4）流量和平均流速

（1）流量。流量是单位时间内通过某一通流截面的液体体积，用 q 表示。流量的常用

单位为升/分，用符号 L/min 表示。

在通流截面 A 上取一微小流束，通过 dA 上的流量为 dq，则其表达式为

$$dq = udA \qquad (2-18)$$

对上式进行积分，可得流经整个通流截面 A 的流量：

$$q = \int_A udA \qquad (2-19)$$

当已知通流截面上的流速 u 的变化规律时，就可以由式(2-19)求出实际流量。

(2) 平均流速。如图 2-17 所示，在实际液体流动中，由于黏性内摩擦力的作用，通流截面的液体的流速 u 的分布规律难以确定，因此引入平均流速的概念，即认为通流截面上各点的流速均为平均流速，用 v 来表示，则通过通流截面的流量就等于平均流速乘以通流截面面积，即

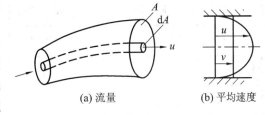

(a) 流量　　　　　(b) 平均速度

图 2-17　流量和平均速度

$$q = \int_A udA = vA \qquad (2-20)$$

则平均流速为

$$v = \frac{q}{A} \qquad (2-21)$$

在实际工程计算中，平均流速才具有应用价值。液压缸工作时，活塞的运动速度就等于缸内液体的平均流速。当液压缸有效面积一定时，活塞运动速度由输入液压缸的流量决定。

5) 流动状态和雷诺数

实际液体具有黏性，是产生流动阻力的根本原因。然而流动状态不同，阻力大小也是不同的。下面研究两种不同的流动状态。

(1) 流动状态——层流和紊流。

① 层流：液体质点互不干扰，液体的流动呈线性或层状的流动状态，且平行于管道轴线，如图 2-18(a)所示。

② 紊流：液体质点的运动杂乱无章，除了平行于管道轴线的运动以外，还存在着剧烈的横向运动，如图 2-18(c)所示。

层流和紊流是两种不同性质的流态。层流时，液体流速较低，质点受黏性制约，不能随意运动，黏性力起主导作用；紊流时，液体流速较高，黏性的制约作用减弱，惯性力起主导作用。液体流动时，究竟是层流还是紊流，要用雷诺数来判定。

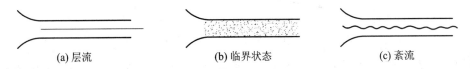

(a) 层流　　　　　　　(b) 临界状态　　　　　　　(c) 紊流

图 2-18　流动状态

(2) 雷诺数。雷诺数是判断流动状态的无量纲数。实验表明，真正决定液流流动状态的是管内的平均流速 v、液体的运动黏度 ν、管径 d 三个参数所组成的一个称为雷诺数 Re

的无量纲数，即

$$Re = \frac{vd}{\nu} \qquad (2-22)$$

液流由紊流转变为层流时的雷诺数称临界雷诺数，记为 Re_{cr}。当液流的实际流动时的雷诺数小于临界雷诺数时，液流为层流，反之液流则为紊流。常见的液流管道的临界雷诺数可由实验求得，见表 2 - 3。

表 2 - 3 常见液流管道的临界雷诺数

管道的材料与形状	Re_{cr}	管道的材料与形状	Re_{cr}
光滑的金属圆管	2000~2320	带槽装的同心环状缝隙	700
橡胶软管	1600~2000	带槽装的偏心环状缝隙	400
光滑的同心环状缝隙	1100	圆柱形滑阀阀口	260
光滑的偏心环状缝隙	1000	锥状阀口	20~100

为了避免在液压设备中因紊流而产生较大的压力损耗，液流的雷诺数不允许超过临界雷诺数。

2. 流量连续性方程——质量守恒定律的基本概念

连续性方程是质量守恒定律在流体力学中的一种具体表现形式。如图 2 - 19 所示的液体在具有不同通流截面的任意形状管道中作定常流动时，可任取 1、2 两个不同的通流截面，其面积分别为 A_1 和 A_2，在这两个截面处的液体密度和平均流速分别为 ρ_1、v_1 和 ρ_2、v_2。根据质量守恒定律，在单位时间内流过这两个截面的液体质量相等，即

$$\rho_1 v_1 A_1 = \rho_2 v_2 A_2 \qquad (2-23)$$

当忽略液体的可压缩性，即 $\rho_1 = \rho_2$ 时，有

$$v_1 A_1 = v_2 A_2 \qquad (2-24)$$

由此得 $q_1 = q_2$ 或 $q = vA = \text{const}$（常数），这就是液流的流量连续性方程，它说明在恒定流动中，通过流管各截面的不可压缩液体的流量是相等的。换句话说，液体以同一个流量在流管中连续地流动着，液体的流速与通流截面面积成反比。

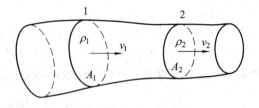

图 2 - 19 液体的最小流束连续性流动示意图

【例 2 - 2】 图 2 - 20 所示为活塞缸工作示意图，已知流量 $q_1 = 25$ L/min，小活塞杆直径 $d_1 = 20$ mm，小活塞直径 $D_1 = 75$ mm，大活塞杆直径 $d_2 = 40$ mm，大活塞直径 $D_2 = 125$ mm，假设没有泄漏流量，求大小活塞的运动速度 v_1、v_2。

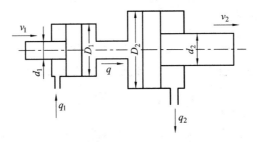

图 2 - 20 活塞缸工作示意图

解 根据液流连续性方程 $q = vA$，求得大小活塞的运动速度 v_1 和 v_2 分别为

$$v_1 = \frac{q_1}{A_1} = \frac{4 \times 25 \times 10^{-3}}{\pi(0.075^2 - 0.02^2) \times 60} = 0.102 \text{ m/min}$$

因为

$$v_2 \cdot \frac{\pi D_2^2}{4} = v_1 \cdot \frac{\pi D_1^2}{4}$$

所以

$$v_2 = \frac{v_1 \cdot \frac{\pi}{4} D_1^2}{\frac{\pi}{4} D_2^2} = \frac{0.075^2 \times 0.102}{0.125^2} = 0.037 \text{ m/s}$$

3. 伯努利方程——能量守恒定律的基本概念

伯努利方程是能量守恒定律在流体力学中的一种具体表现形式。为了研究方便，我们先讨论如图 2 - 21 所示的理想液体的伯努利方程，然后对它进行修正，最后给出实际液体的伯努利方程。

1) 理想液体的伯努利方程

如前所述，静止液体单位重量的总能量为压力能和势能之和；处于流动中的液体，除了这两项之外，还多了一项单位重量液体的动能。根据能量守恒定律，得

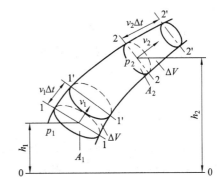

图 2 - 21 理想液体伯努利方程的推导示意图

$$p_1 + \rho g h_1 + \frac{1}{2}\rho v_1^2 = p_2 + \rho g h_2 + \frac{1}{2}\rho v_2^2 \qquad (2-25)$$

或

$$\frac{p_1}{\rho g} + h_1 + \frac{v_1^2}{2g} = \frac{p_2}{\rho g} + h_2 + \frac{v_2^2}{2g} \qquad (2-26)$$

$$\frac{p}{\rho g} + h + \frac{v^2}{2g} = \text{const（常数）} \qquad (2-27)$$

式中：h——单位重量液体的位能；

$\dfrac{p}{\rho g}$——单位重量液体的压力能；

$\dfrac{v^2}{2g}$——单位重量液体的动能。

理想液体的伯努利方程的物理意义是：理想液体作恒定流动时具有压力能、位能和动能三种能量形式，在任一截面上这三种能量形式之间可以相互转换，但三者之和为一定值，即能量守恒。

2）实际流体的伯努利方程

实际液体在流动时，由于存在黏性，会产生内摩擦力，消耗能量；同时，管道局部形状和尺寸的骤然变化，使液体产生扰动，也消耗能量。因此，实际液体在流动时有能量损失，这里可设单位体积液体在两通流截面间流动时的能量损失为 Δp_{w}。

此外，由于实际液体在管道通流截面上的流速是不均匀的，因此在用平均流速代替实际流速计算动能时，必然会产生误差。为了修正这个误差，需引入动能修正系数 α。所以，实际液体的伯努利方程为

$$p_1 + \rho g h_1 + \frac{1}{2}\rho\alpha_1 v_1^2 = p_2 + \rho g h_2 + \frac{1}{2}\rho\alpha_2 v_2^2 + \Delta p_{\mathrm{w}} \tag{2-28}$$

说明：

（1）动能修正系数 α_1 和 α_2 的值与液体流动状态有关，当液体紊流时取 $\alpha=1$，层流时取 $\alpha=2$。

（2）压力损失。实际液体具有黏性，流动时要产生能量损失，这种能量损失表现为压力损失，单位重量液体的压力损失即为伯努利方程中的 Δp_{w} 项。压力损失分为两种：沿程压力损失和局部压力损失。

① 沿程压力损失。沿程压力损失是指液体在等径直管中流动时因摩擦而产生的损失。经理论推导和实验证明，液体流经等径 d 的直管时，在管长 l 上的压力损失为

$$\Delta p_\lambda = \lambda\,\frac{l}{d}\,\frac{\rho v^2}{2} \tag{2-29}$$

式中：λ——沿程阻力系数。实际计算时，对金属管，取 $\lambda = \dfrac{75}{Re}$，对橡胶管，取 $\lambda = \dfrac{80}{Re}$。

② 局部压力损失。液体流经管道的弯头、截面尺寸突变处或阀口、过滤网等局部区域时产生的压力损失称为局部压力损失。局部压力损失的计算公式为

$$\Delta p_\xi = \xi\,\frac{\rho v^2}{2} \tag{2-30}$$

式中：ξ——局部阻力系数，一般由实验测定，见表 2-4。

表 2-4　各种局部装置结构类型的局部阻力系数

图例						
类型	管道缩小	T 型三通	90°弯曲	双直角	90°直角	阀
ξ	0.5	1.3	0.5~1	2	1.2	5~15

③ 管路总能量损失。管路总能量损失是系统中所有沿程能量损失之和与所有局部能量损失之和的叠加，即

$$\Delta p_w = \Delta p_\lambda + \Delta p_\xi = \lambda \frac{\rho v^2}{2} + \xi \frac{\rho v^2}{2} \qquad (2-31)$$

在液压传动系统中，绝大多数压力损失转变为热能，造成系统温度升高，泄漏增大，影响系统的工作性能。从计算压力损失的公式可以看出，减小流速，缩短管道长度，减少管道截面突变，提高管道内壁的加工质量等，都可使压力损失减小。其中，流速的影响最大，故液体在管路中的流速不应过高，但流速太低，也会使管路和阀类元件的尺寸加大，并使成本增加，因此要综合考虑以确定液体在管道中的流速。

实际液体的伯努利方程的物理意义是：实际液体在管道中作定常流动时，具有压力能、动能和位能三种形式的机械能。在流动过程中这三种能量可以相互转化。但是上游截面这三种能量的总和等于下游截面这三种能量总和加上从上游截面流到下游截面过程中的能量损失。

伯努利方程揭示了液体流动过程中的能量变化规律。它指出，对于流动的液体来说，如果没有能量的输入和输出，液体内的总能量是不变的。它是流体力学中一个重要的基本方程。它不仅是进行液压传动系统分析的基础，而且还可以对多种流体技术问题进行研究和计算。

【例 2-3】　应用伯努利方程分析液压泵正常吸油的条件，如图 2-22 所示，设液压泵吸油口处的绝对压力为 p，油箱液面压力为大气压 p_a，泵吸油口至油箱液面高度为 H。

解　列 1-1 与 2-2 截面的伯努利方程。

以油箱液面为基准：

$$p_1 + \frac{1}{2}\rho\alpha_1 v_1^2 + \rho g h_1 = p_2 + \frac{1}{2}\rho\alpha_2 v_2^2 + \rho g h_2 + \Delta p_w$$

其中：$h_1 = 0$，$h_2 = H$，$p_1 = p_a$，$v_1 = 0$。

液流流动状态为紊流，故 $\alpha_1 = \alpha_2 = 1$，因此有

$$p_a - p_2 = \frac{1}{2}\rho v_2^2 + \rho g H + \rho g h_w = \frac{1}{2}\rho v_2^2 + \rho g H + \Delta p_w$$

由此可知，液压泵吸油口的真空度由三部分组成，包括产生一定流速所需的压力、把油液提升到一定高度所需的压力和吸油管内的压力损失。

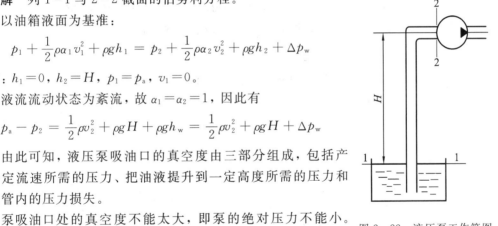

泵吸油口处的真空度不能太大，即泵的绝对压力不能小。
因为如果泵吸油口处的绝对压力低于液体在该温度下的空气分

图 2-22　液压泵工作简图

离压，则溶解在流体内的空气就会析出，形成气穴现象，为此要限制液压泵吸油口的真空度小于 0.3×10^5 Pa。

一般泵的吸油高度 $H \leqslant 0.5$ m，有时为使吸油条件改善，将泵安装在油箱液面下面，使泵的吸油高度小于零。

3）使用伯努利方程解决问题时的步骤

（1）选取适当的水平基准面；

（2）选取两截面，其中一个截面的参数为已知，另一个为所求参数的截面；

（3）按照流动方向列出伯努利方程；

（4）若未知量多于方程数，则必须列出其他的辅助方程，如连续性方程、动量方程，并联立解之。

4．动量方程

刚体力学动量定律指出，作用在物体上全部外力的矢量和等于物体在力作用方向上单位时间内动量的变化量。如图 2-23 所示，在管流中，任意取出通流截面 1、2，截面上的流速为 v_1、v_2。该段液体在 Δt 时刻的动量为 $\Delta(mv)$，于是有

$$\sum F = \frac{\Delta(mv)}{\Delta t} = \frac{m(v_2 - v_1)}{\Delta t} \qquad (2-32)$$

对于作定常流动的液体，若忽略其可压缩性，可将 $m = \rho \Delta V = \rho q \Delta t$ 代入式（2-32），并考虑到以平均流速代替实际流速会产生误差，因而引入动量修正系数 β，则可写出如下形式的动量方程：

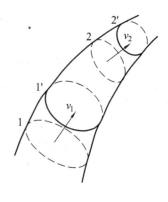

图 2-23　动量方程推导示意图

$$\sum F = \rho q (\beta_2 v_2 - \beta_1 v_1) \qquad (2-33)$$

式中：$\sum F$——作用在液体上所有外力的矢量和（N）；

v_1、v_2——液流在前、后两个通流截面上的平均流速矢量（m/s）；

β_1、β_2——动量修正系数，与液体流动状态有关，紊流时 $\beta = 1$，层流时 $\beta = 4/3$；

ρ、q——液体的密度（kg/m³）和流量（m³/s）。

式（2-33）为矢量方程，使用时应根据具体情况将式中的各个矢量分解为指定方向上的投影值，再列出该方向上的动量方程。例如，在指定 x 方向上的动量方程可写成如下形式：

$$\sum F_x = \rho q (\beta_2 v_{2x} - \beta_1 v_{1x}) \qquad (2-34)$$

在工程实际问题中，往往要求出液流对通道固体壁面的作用力，即动量方程中 $\sum F$ 的反作用力 $\sum F'$，它被称为稳态液动力。在指定 x 方向上的稳态液动力计算公式为

$$F'_x = F_x = \rho q (\beta_1 v_{1x} - \beta_2 v_{2x}) \qquad (2-35)$$

如图 2-24 所示，液体受力 $F_x = \rho q (v_2 \cos 90° - v_1 \cos \theta)$，整理得 $F_x = -\rho q v_1 \cos \theta$，则阀芯受力（液动力）$F'_x = -F_x = \rho q v_1 \cos \theta$，方向向右，使阀芯关闭。式中，$\theta$ 为液流速度方向角，即流速方向与阀轴线的夹角。

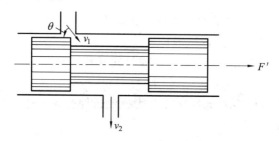

图 2-24　作用在滑阀上的稳态液动力

三、液压冲击及气穴现象

1．液压冲击

在液压系统中，由于某种原因引起液体压力在瞬间突然升高，产生很高的压力峰值，

这种现象称为液压冲击。

1）液压冲击产生的原因及危害

液压冲击产生的原因主要有以下几个方面：

（1）液流通道迅速关闭或液流迅速换向使液流速度的大小或方向突然变化时，由于液流的惯性力引起的液压冲击；

（2）运动着的工作部件突然制动或换向时，因工作部件的惯性引起的液压冲击。

（3）某些液压元件动作失灵或不灵敏，使系统压力升高而引起的液压冲击。

液压冲击产生的压力峰值往往比正常工作压力高得多，且常伴有噪声和振动，严重时会损坏液压元件、密封装置和管件，有时还会引起某些液压元件的误动作。在实际系统中应减小或防止。

2）减小液压冲击的措施

（1）尽可能延长执行元件的换向时间；

（2）正确设计阀口，使运动部件制动时速度变化比较均匀；

（3）适当加大管径，使液流速度小于或等于推荐流速值；

（4）在容易发生液压冲击的地方，设置卸荷阀或蓄能器。

2. 气穴现象

在流动的液体中，因某点处的压力低于空气分离压而使液体产生气泡的现象，称为气穴现象。

1）气穴现象产生的原因及危害

液压油中总是含有一定量的空气，空气可溶解在液压油中，也可以气泡的形式混合在液压油中，空气在液压油中的溶解量和液压油的绝对压力成正比，常温时石油型液压油在一个大气压下约含有 6%～12% 的溶解空气。溶解空气对液压油的体积模量没有影响，含有气泡的液压油的体积模量将减小。

在一定温度下，当液压油压力低于某值时，溶解在油液中的过饱和空气将大量迅速地分离出来，产生大量气泡，这个压力称为液压油在该温度下的空气分离压。

当液压油在某温度下的压力低于一定数值时，油液本身将迅速汽化，产生大量蒸气气泡，这时的压力称为液压油在该温度下的饱和蒸气压。

一般来说，液压油的饱和蒸气压相当小，比空气分离压小得多，所以，要使液压油不产生大量气泡，它的最低压力不得低于液压油所在温度下的空气分离压。

液压系统中产生气穴后，气泡随油液流至高压区，在高压作用下迅速破裂，于是产生局部液压冲击，压力和温度均急剧升高，出现强烈的噪声和振动。当附着在金属表面上的气泡破裂时，所产生的局部高温和高压会使金属剥落、表面粗糙、元件的工作寿命降低，这一现象称为气蚀。

2）减小气穴现象的措施

（1）减小阀孔前后的压差，一般希望阀孔前后的压力比 $p_1/p_2 < 3.5$；

（2）正确设计液压泵的结构参数，适当加大吸油管内径；

（3）提高零件的抗气蚀能力，增加零件的机械强度，采用抗腐蚀能力强的金属材料，减小零件表面粗糙度等；

（4）降低液体中气体的含量；

（5）保持液压系统压力高于空气分离压。

【任务实施】

如图 2 - 1 所示，泵驱动液压缸克服负载而运动。设液压缸中心距泵出口处的高度为 h，则可根据伯努利方程来确定泵的出口压力。

选取 Ⅰ - Ⅰ、Ⅱ - Ⅱ 截面列伯努利方程。以截面 Ⅰ - Ⅰ 为基准面，则有

$$\frac{p_1}{\rho g} + \frac{v_1^2}{2g} = \frac{p_2}{\rho g} + \frac{v_2^2}{2g} + h + h_w$$

因此泵的出口压力为

$$p_1 = p_o + \frac{\rho}{2}(v_2^2 - v_1^2) + \rho g h + \Delta P$$

在液压传动中，油管中油液的流速一般不超过 6 m/s，而液压缸中油液的流速更低得多。因此计算出速度水头产生的压力和 $\rho g h$ 的值比缸的工作压力低得多，故在管道中，这两项可忽略不计，这时上式可简化为 $p_1 = p_o + \Delta P$。

【知识检测】

1. 油液的黏性指什么？常用的黏度表示方法有哪几种？说明黏度的单位。

2. 某种液压油在温度为 50℃ 时的运动黏度为 32 mm²/s，密度为 900 kg/m³，试求其动力黏度。

3. 某油液的动力黏度为 4.9×10^9 N·s/m²，密度为 850 kg/m³，求该油液的运动黏度。

3. 图 2 - 25 中，立式数控加工中心主轴箱自重及配重 W 为 8×10^4 N，两个液压缸活塞直径 $D = 30$ mm，问液压缸输入压力 p 应为多少 MPa 才能平衡？

4. 如图 2 - 26 所示，容器内盛满液体，已知活塞面积 $A = 10 \times 10^{-3}$ m²，负载重量 $G = 10$ kN，问压力表的读数 p_1、p_2、p_3、p_4、p_5 各为多少？

5. 已知密闭容器内液体密度 $\rho = 900$ kg/m³，活塞上作用的力 $F = 1000$ N，活塞面积 $A = 1 \times 10^{-3}$ m²，求 $h = 0.5$ m 处的静压力。

6. 如图 2 - 27 所示，容器 A 中液体的密度 $\rho_A = 900$ kg/m³，B 中液体的密度 $\rho_B = 1200$ kg/m³，$Z_A = 200$ mm，$Z_B = 180$ mm，$h = 60$ mm，试求 A、B 之间的压力差。

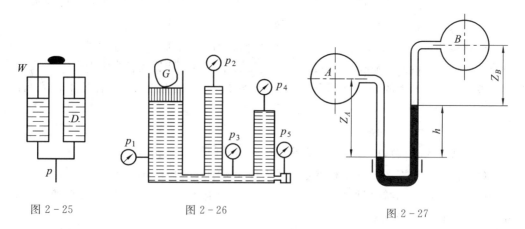

图 2 - 25　　　　　图 2 - 26　　　　　图 2 - 27

学习情境 3　动力元件——液压泵的结构和工作原理

如图 3-1 所示,液压泵是将原动机(电动机或其他动力装置)所输出的机械能转化成油液压力能的能量转换装置。它向液压系统提供一定流量和压力的液压油,起着向系统提供动力的作用,是系统不可缺少的核心元件。从结构形式看主要有齿轮泵、叶片泵和柱塞泵。下面通过几个子情境来分别学习。

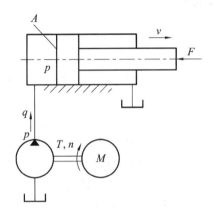

图 3-1　液压回路图

学习情境 3.1　液压泵的基本知识

【任务描述】

如图 3-2 所示,通过观察各类液压泵的铭牌标志,了解液压泵的分类,掌握液压泵的各类参数的概念,正确解释各参数的含义。

图 3-2　液压泵外形图

【任务分析】

要想看懂液压泵的铭牌信息,必须先学习液压泵的工作原理和特点,才能更加明确液压泵主要性能参数的概念,并能正确解释各参数的含义。

【任务目标】

(1) 掌握液压泵的工作原理；
(2) 了解液压泵的作用及分类；
(3) 熟悉液压泵的主要性能参数；
(4) 掌握液压泵的图形符号。

【相关知识】

一、液压泵的工作原理及特点

1. 液压泵的工作原理

图 3-3 所示为一单柱塞液压泵的工作原理图和图形符号。图中，柱塞 2 装在缸体 3 中形成一个密封容积 a，柱塞在弹簧 4 的作用下始终压紧在偏心轮 1 上。原动机驱动偏心轮 1 旋转使柱塞 2 作往复运动，使密封容积 a 的大小发生周期性的交替变化。当 a 由小变大时就形成部分真空，使油箱中油液在大气压作用下，经吸油管顶开单向阀 5 进入密封容积 a 而实现吸油；反之，当 a 由大变小时，a 腔中吸入的油液将顶开单向阀 6 流入系统而实现排油。这样液压泵就将原动机输入的机械能转换成液体的压力能，原动机驱动偏心轮不断旋转，液压泵就不断地吸油和排油。这就是液压泵的工作原理。由于液压泵是靠密封容积的变化来实现吸油和排油的，故称其为容积式液压泵。

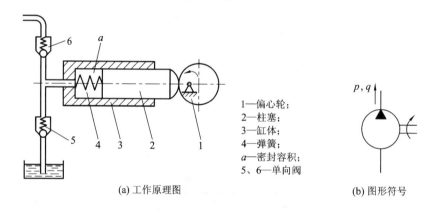

1—偏心轮；
2—柱塞；
3—缸体；
4—弹簧；
a—密封容积；
5、6—单向阀

(a) 工作原理图   (b) 图形符号

图 3-3　液压泵的工作原理图和图形符号

2. 液压泵的特点

单柱塞液压泵具有一切容积式液压泵的基本特点：

(1) 具有若干个密封且可以周期性变化的空间。液压泵输出流量与此空间的容积变化量和单位时间内的变化次数成正比，与其他因素无关。这是容积式液压泵的一个重要特性。

(2) 油箱内液体的绝对压力必须恒等于或大于大气压力。这是容积式液压泵能够吸入油液的外部条件。因此，为保证液压泵正常吸油，油箱必须与大气相通，或采用密闭的充压油箱。

(3) 具有相应的配流机构，将吸油腔和排液腔隔开，保证液压泵有规律地、连续地吸、排液体。液压泵的结构原理不同，其配油机构也不相同。图 3-3 中的单向阀 5、6 就是配油机构。

容积式液压泵中的油腔吸油时称为吸油腔,排油时称为压油腔。吸油腔的压力取决于吸油高度和吸油管路的阻力。吸油高度过高或吸油管路阻力太大,会使吸油腔真空度过高,从而影响液压泵的自吸能力。压油腔的压力则取决于外负载和排油管路的压力损失。从理论上讲,排油压力与液压泵的流量无关。

容积式液压泵排油的理论流量取决于液压泵的有关几何尺寸和转速,而与排油压力无关。但排油压力会影响泵的内泄露和油液的压缩量,从而影响泵的实际输出流量,所以液压泵的实际输出流量随排油压力的升高而降低。

3. 液压泵的分类及符号

液压泵按其在单位时间内所能输出的油液的体积是否可调节而分为定量泵和变量泵两类;按进出油口方向可分为单向泵、双向泵;按结构形式可分为齿轮式、叶片式和柱塞式三大类;按压力等级可分为低压、中压、中高压、高压和超高压。表 3-1 给出了液压泵的图形符号,表 3-2 给出了液压系统的压力分级。

表 3-1 液压泵的图形符号

名称	单向定量泵	双向定量泵	单向变量泵	双向变量泵
符号				

表 3-2 液压系统的压力分级

压力等级	低压	中压	中高压	高压	超高压
压力/MPa	≤2.5	2.5~8	8~16	16~32	>32

二、液压泵的主要性能参数

1. 压力

1)工作压力

液压泵实际工作时的输出压力称为工作压力。如图 3-4 所示,工作压力的大小取决于外负载的大小和排油管路上的压力损失,而与液压泵的流量无关。

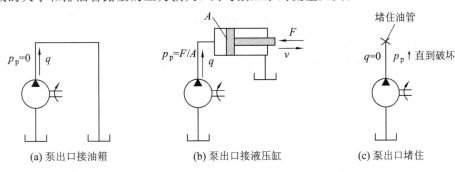

$p_p=0$ q

A F
$p_p=F/A$ v q

堵住油管
$q=0$ p_p↑ 直到破坏

(a) 泵出口接油箱   (b) 泵出口接液压缸   (c) 泵出口堵住

图 3-4 液压泵的工作压力

2）额定压力

液压泵在正常工作的条件下，按试验标准规定连续运转的最高压力称为液压泵的额定压力。额定压力取决于液压泵零部件的结构强度和密封性。

3）最高允许压力

在超过额定压力的条件下，根据试验标准规定，允许液压泵短暂运行的最高压力值，称为液压泵的最高允许压力。

2. 排量和流量

1）排量 V

液压泵每转一周，由其密封容积几何尺寸变化计算而得的排出液体的体积叫液压泵的排量。排量可调节的液压泵称为变量泵；排量为常数的液压泵则称为定量泵。

2）理论流量 q_t

理论流量是指在不考虑液压泵的泄漏流量的情况下，在单位时间内所排出的液体体积的平均值。显然，如果液压泵的排量为 V，其主轴转速为 n，则该液压泵的理论流量 q_t 为

$$q_t = Vn \tag{3-1}$$

3）实际流量 q

液压泵在某一具体工况下，单位时间内所排出的液体体积称为实际流量，它等于理论流量 q_t 减去泄漏流量 Δq，即

$$q = q_t - \Delta q \tag{3-2}$$

4）额定流量 q_n

液压泵在正常工作条件下，按试验标准规定（如在额定压力和额定转速下）必须保证的流量称为额定流量。

3. 功率和效率

1）液压泵的功率

（1）输入功率 P_i。液压泵的输入功率是指作用在液压泵主轴上的机械功率。当输入转矩为 T_o，角速度为 ω 时，有

$$P_i = \omega T_o = 2\pi n T_o \tag{3-3}$$

（2）输出功率 P_o。液压泵的输出功率是指液压泵在工作过程中的实际吸、压油口间的压差 Δp 和输出流量 q 的乘积，即

$$P_o = \Delta p q \tag{3-4}$$

式中：Δp——液压泵吸、压油口之间的压力差（N/m^2）；

q——液压泵的实际输出流量（m^3/s）。

在实际的计算中，若油箱通大气，则液压泵吸、压油的压力差往往用液压泵出口压力 p 代入。

2）液压泵的功率损失

液压泵的功率损失有容积损失和机械损失两部分。

（1）容积损失。容积损失是指液压泵流量上的损失，液压泵的实际输出流量总是小于其理论流量，其主要原因是液压泵内部高压腔的泄漏、油液的压缩以及在吸油过程中由于吸油阻力太大、油液黏度大以及液压泵转速高等而导致油液不能全部充满密封工作腔。液压

泵的容积损失用容积效率来表示，它等于液压泵的实际输出流量 q 与其理论流量 q_t 之比，即

$$\eta_V = \frac{q}{q_t} = \frac{q_t - \Delta q}{q_t} = 1 - \frac{\Delta q}{q_t} \qquad (3-5)$$

因此，液压泵的实际输出流量 q 为

$$q = q_t \eta_V = V n \eta_V \qquad (3-6)$$

式中：V——液压泵的排量（m^3/r）；

n——液压泵的转速（r/s）。

液压泵的容积效率随着液压泵工作压力的增大而减小，且随液压泵的结构类型不同而异，但恒小于 1。

（2）机械损失。机械损失是指液压泵在转矩上的损失。液压泵的实际输入转矩 T_o 总是大于理论上所需要的转矩 T_t，其主要原因是液压泵体内相对运动部件之间因机械摩擦而引起摩擦转矩损失以及因液体的黏性而引起摩擦损失。液压泵的机械损失用机械效率表示，它等于液压泵的理论转矩 T_t 与实际输入转矩 T_o 之比，设转矩损失为 ΔT，则液压泵的机械效率为

$$\eta_m = \frac{T_t}{T_o} = \frac{1}{1 + \dfrac{\Delta T}{T_t}} \qquad (3-7)$$

3）液压泵的总效率

液压泵的总效率是指液压泵的实际输出功率与其输入功率的比值，即

$$\eta = \frac{P_o}{P_i} = \frac{\Delta p q}{\omega T_o} = \frac{\Delta p q_t \eta_V}{\dfrac{\omega T_t}{\eta_m}} = \eta_V \eta_m$$

$$(3-8)$$

液压泵的各个参数和压力之间的关系如图 3-5 所示。

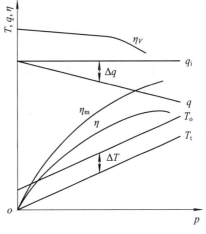

图 3-5 液压泵的特性曲线

【例 3-1】 某液压系统，液压泵的排量 $V = 10$ mL/r，电机转速 $n = 1200$ r/min，泵的输出压力 $p = 5$ MPa，泵容积效率 $\eta_V = 0.92$，总效率 $\eta = 0.84$，试求：

（1）泵的理论流量；

（2）泵的实际流量；

（3）泵的输出功率；

（4）驱动电机功率。

解 （1）泵的理论流量：

$$q_t = V n = 10 \times 10^{-3} \times 1200 = 12 \ (\text{L/min})$$

（2）泵的实际流量：

$$q = q_t \eta_V = 12 \times 0.92 = 11.04 \ (\text{L/min})$$

（3）泵的输出功率：

$$P_o = p q = \frac{11.04 \times 5}{60} = 0.9 \ (\text{kW})$$

（4）驱动电机功率：

$$P = \frac{P_{o}}{\eta} = \frac{0.9}{0.84} = 1.07(kW)$$

【任务实施】

通过学习液压泵的基本知识，我们知道了容积式液压泵的工作原理，掌握了泵相关工作参数的概念及符号，现在让我们以齿轮泵为例重新认识一下液压泵的铭牌。

1. 齿轮泵的型号说明

齿轮泵的型号说明如图 3-6 所示。

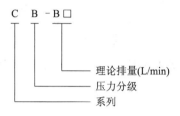

图 3-6　齿轮泵的型号说明

2. 常用 CB-B 型齿轮泵系列的参数说明

常用 CB-B 型齿轮泵系列的参数说明见表 3-3。

表 3-3　CB-B 型低压齿轮油泵性能参数表

型号	额定流量 /(L/min)	额定压力 /MPa	额定转速 /(r/min)	容积效率 η_V(%)	总效率 η_t(%)	压力脉动 /MPa	噪声值 /分贝	驱动功率 /kW	重量 /kg
CB-B2.5	2.5			≥70	≥63			0.13	1.9
CB-B4	4						62~65	0.21	2.8
CB-B6	6			≥80	≥72			0.31	3.2
CB-B10	10	2.5	1450			0.15		0.51	3.5
CB-B16	16							0.82	5.2
CB-B20	20			≥90	≥81		67~70	1.02	5.4
CB-B25	25							1.30	5.5

【知识检测】

1. 液压泵有何作用？容积式液压泵共同的工作原理是什么？

2. 画出液压泵的职能符号。

3. 已知某液压系统如图 3-7 所示，工作时，活塞上所受的外载荷为 $F=9720$ N，活塞有效工作面积 $A=0.008$ m²，活塞运动速度 $v=0.04$ m/s。应选择额定压力和额定流量为多少的液压泵？驱动它的电机功率应为多少？

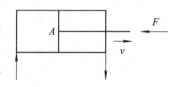

图 3-7　某液压系统

学习情境 3.2 齿轮泵的认知和拆装

齿轮泵是液压系统中广泛采用的一种液压泵，它一般做成定量泵。按结构不同，齿轮泵分为外啮合齿轮泵和内啮合齿轮泵，如图 3-8 所示。外啮合齿轮泵应用较广。下面以外啮合齿轮泵为例来剖析齿轮泵。

(a) 外啮合齿轮泵　　　　　　　　(b) 内啮合齿轮泵

图 3-8 齿轮泵

【任务描述】

齿轮泵由几部分构成？各部分元件的名称、结构和功能是什么？如何工作？会出现哪些故障？

【任务分析】

通过拆装齿轮泵，仔细观察齿轮泵的结构，结合齿轮泵的工作原理，分析各部分元件的结构和功能，更好地使用和维护齿轮泵。

【任务目标】

(1) 掌握齿轮泵的结构和工作原理；
(2) 熟练掌握齿轮泵结构组成的主要零部件及其名称；
(3) 能找出齿轮泵的常见故障原因并能够排除。

【相关知识】

一、外啮合齿轮泵的结构

图 3-9 所示为齿轮泵的结构图。它是由后泵盖 1、泵体 2 和前泵盖 3 组成的分离三片式结构，齿轮 7、9 装在泵体 2 中，由主动轴 6 带动回转。前泵盖 3、后泵盖 1 装在泵体的两侧，用六个螺钉连接，并用圆柱销定位。带有保持架的液压轴承 10 分别装在前、后泵盖中，支承轴 6 和 8。

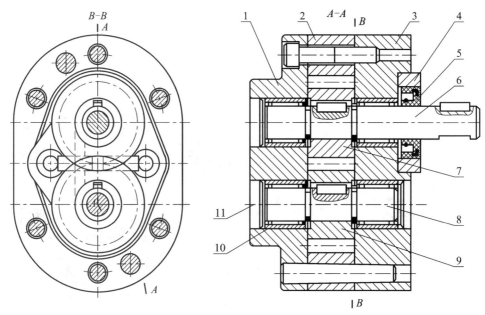

1—后泵盖；2—泵体；3—前泵盖；4—压环；5—密封环；6—主动轴；7、9—齿轮；8—从动轴；
10—液压轴承；11—堵头；a、b—泄油孔；c—污油槽；d—进油通道；e—排油通道；f、g—困油卸荷槽

图 3-9　CB-B 齿轮泵的结构图

二、外啮合齿轮泵的工作原理

外啮合齿轮泵的工作原理如图 3-10(a)所示。装在壳体内的一对齿轮的齿顶圆柱及侧面均与壳体内壁接触，因此各个齿槽间均形成密封的工作空间，齿轮泵的内腔被相互啮合的轮齿分为左、右两个互不相通的空腔，分别与吸油口和压油口相通。当泵的主动齿轮按

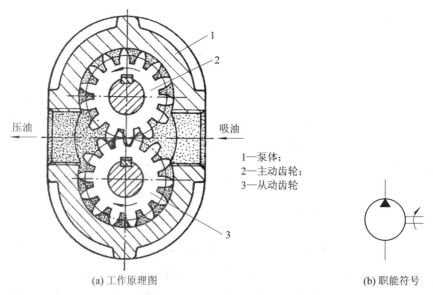

1—泵体；
2—主动齿轮；
3—从动齿轮

(a) 工作原理图　　　　　　　　　　　　　(b) 职能符号

图 3-10　外啮合齿轮泵的工作原理图及职能符号

图示箭头方向旋转时，齿轮泵右侧(吸油腔)齿轮脱开啮合，齿轮的轮齿退出齿间，使密封容积增大，形成局部真空，油箱中的油液在外界大气压的作用下，经吸油腔进入齿间。随着齿轮的旋转，吸入齿间的油液被带到另一侧，进入压油腔，这时轮齿进入啮合，使密封容积逐渐减小，齿轮间部分的油液被挤出，形成了齿轮泵的压油过程。齿轮啮合时齿向接触线把吸油腔和压油腔分开，起配油作用。当齿轮泵的主动齿轮由电动机带动不断旋转时，轮齿脱开啮合的一侧，由于密封容积变大而不断从油箱中吸油，轮齿进入啮合的一侧，由于密封容积减小而不断地排油，这就是齿轮泵的工作原理。

三、外啮合齿轮泵存在的主要问题

1. 齿轮啮合区的困油现象

齿轮泵要能连续地供油，就要求齿轮啮合的重叠系数 ε 大于 1，也就是当一对齿轮尚未脱开啮合时，另一对齿轮已进入啮合，这样，就出现同时有两对齿轮啮合的瞬间，在两对齿轮的齿向啮合线之间形成了一个封闭容积，一部分油液也就被困在这一封闭容积中(见图 3－11(a))。齿轮连续旋转时，这一封闭容积便逐渐减小，到两啮合点处在节点两侧的对称位置(见图 3－11(b))时，封闭容积为最小，齿轮再继续转动时，封闭容积又逐渐增大，直到图 3－11(c)所示位置时，容积又变为最大。在封闭容积减小时，被困油液受到挤压，压力急剧上升，使轴承上突然受到很大的冲击载荷，使泵剧烈振动，这时高压油从一切可能泄漏的缝隙中挤出，造成功率损失，使油液发热。当封闭容积增大时，由于没有油液补充，因此形成局部真空，使原来溶解于油液中的空气分离出来，形成了气泡。油液中产生气泡后，会引起噪声、气蚀等一系列恶果。以上情况就是齿轮泵的困油现象，这种困油现象极为严重地影响着泵的工作平稳性和使用寿命。

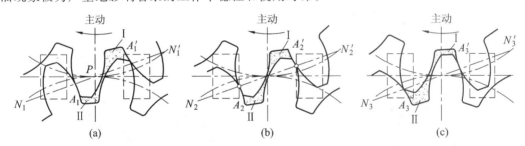

图 3－11　齿轮泵的困油现象

为了消除困油现象，在齿轮泵的泵盖 1、3 上铣出 f 和 g 两个困油卸荷槽，其几何关系如图 3－12 所示。卸荷槽的位置应该使困油腔由大变小时，能通过卸荷槽与压油腔相通，而当困油腔由小变大时，能通过另一卸荷槽与吸油腔相通。两卸荷槽之间的距离为 a，必须保证在任何时候都不能使压油腔和吸油腔互通。

按上述要求对称开的卸荷槽，当困油封闭腔由大变至最小时，由于油液不易从即将关闭的缝隙中挤出，因此封闭油压仍将高于压油腔压力；齿轮继续转动，在封闭腔和吸油腔相通的瞬间，高压油又突然和吸油腔的低压油相接触，会引起冲击和噪声。于是齿轮泵将卸荷槽的位置整个向吸油腔侧平移了一个距离。这时封闭腔只有在由小变至最大时才和压油腔断开，油压没有突变，封闭腔和吸油腔接通时，封闭腔不会出现真空，也没有压力冲击，这样改进后，使齿轮泵的振动和噪声得到了进一步改善。

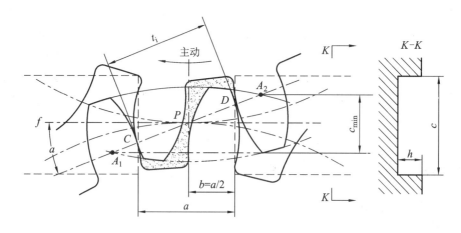

图 3-12　齿轮泵的困油卸荷槽

2. 齿轮的径向不平衡力问题

齿轮泵工作时，在齿轮和轴承上承受径向液压力的作用。如图 3-13 所示，泵的右侧为吸油腔，左侧为压油腔。在压油腔内有液压力作用于齿轮上，沿着齿顶的泄漏油具有大小不等的压力，这就是齿轮和轴承受到的径向不平衡力。液压力越高，这个不平衡力就越大，其结果不仅加速了轴承的磨损，降低了轴承的寿命，甚至使轴变形，造成齿顶和泵体内壁的摩擦等。为了解决径向力不平衡问题，在有些齿轮泵上，采用开压力平衡槽的办法来消除径向不平衡力，如图 3-14 所示，但这将导致泄漏增大，容积效率降低等。CB-B 型齿轮泵通过缩小压油腔，以减少液压力对齿顶部分的作用面积来减小径向不平衡力，所以泵的压油口孔径比吸油口孔径要小。

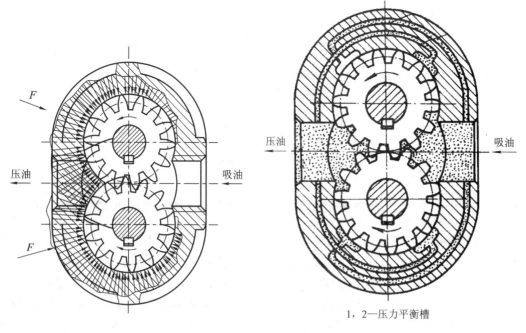

1，2—压力平衡槽

图 3-13　齿轮泵的径向不平衡力　　　　图 3-14　径向力平衡措施

3．齿轮泵的泄漏问题

外啮合齿轮泵的主要缺点之一是泄漏较大，只适用于低压。在齿轮泵内部，压油腔中的液压油可通过三条途径泄漏到吸油腔中：一是由两个齿轮啮合部位的间隙造成的啮合线泄漏，占总泄漏量的 5%；二是由齿顶与壳体之间的间隙造成的径向泄漏，占总泄漏量的 15%；三是由齿轮的端面和轴承套端面之间的间隙造成的端面泄漏，占总泄漏量的 80%。由上述可知，端面泄漏所占比例最大，因此，要想提高齿轮泵的容积效率，必须设法减小端面间隙的泄漏。

减小端面泄漏的方法是采用端面间隙自动补偿。其工作原理如图 3-15 所示，两个相互啮合的齿轮被支承在前后轴承套上，轴承套可在壳体内做轴向浮动。压力油从压油腔引至轴承套外端并作用在有一定形状和大小的轴承套外端面面积上，此力把轴承套压向齿轮端面，从而减小了端面间隙。

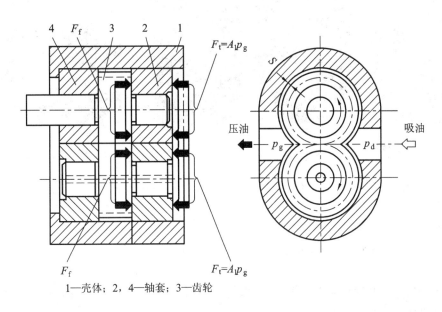

1—壳体；2，4—轴套；3—齿轮

图 3-15　外啮合齿轮泵端面间隙补偿原理

【任务实施】

一、CB-B 型齿轮泵的拆装训练

1．实训目的

通过实物，了解液压泵的铭牌、型号等内容；通过拆装，掌握液压泵内每个零部件构造，分析液压泵工作的三要素；从结构上加以分析液压泵的困油问题及影响液压泵正常工作的因素；掌握拆装液压泵的方法和拆装要点。

2．实训过程

工具准备：内六角扳手、固定扳手、螺丝刀、卡簧钳、CB-B 型齿轮泵等。

拆卸步骤如下：

第一步，松开六个紧固螺钉，拔出两个定位销，卸下前泵盖；

第二步，从泵体中取出主动齿轮及主动轴、从动齿轮及从动轴；

第三步，分解端盖与轴承、齿轮与轴、端盖与油封；

第四步，观察并分析各零部件结构；

第五步，取出左端盖上的密封圈。

3. 齿轮泵主要零部件分析

图 3-16 所示为 CB-B 型齿轮泵的结构图。

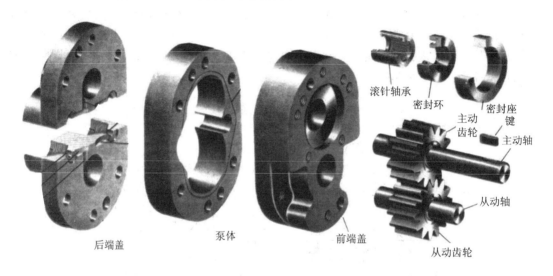

图 3-16　CB-B 齿轮泵的结构图

1）泵体

泵体的两端面开有泻油槽，此槽与吸油口相通，用来防止泵内油液从泵体与泵盖结合面外泄。泵体与齿顶圆的径向间隙为 0.13～0.16 mm。

2）端盖

端盖内侧开有卸荷槽，用来消除困油现象。端盖上吸油口大，压油口小，用来减小作用在轴和轴承上的径向不平衡力。

3）油泵齿轮

两个齿轮的齿数和模数都相等，齿轮与端盖间轴向间隙为 0.03～0.04 mm，轴向间隙不可调节。

4. 齿轮泵的装配

装配步骤如下：

第一步，将主动齿轮(含轴)和从动齿轮(含轴)啮合后装入泵体内；

第二步，装前后端盖的密封圈；

第三步，用螺栓将前泵盖、泵体和后泵盖拧紧；

第四步，用堵头将泵进出油口密封(必须做这一步)。

5. 拆装注意事项

(1) 拆装中应用铜棒敲打零部件，以免损坏零部件和轴承。

（2）拆卸过程中，遇到元件卡住的情况时，不要乱敲硬砸。

（3）装配时，遵循先拆的部件后安装，后拆的零部件先安装的原则，正确合理地安装，脏的零部件应用柴油清洗后才可安装，安装完毕后应使泵转动灵活平稳，没有阻滞、卡死现象。

（4）装配齿轮泵时，先将齿轮、轴装在后泵盖的滚针轴承内，轻轻装上泵体和前泵盖，打紧定位销，拧紧螺栓，注意使其受力均匀。

二、齿轮泵的常见故障及排除方法

齿轮泵的常见故障现象、产生原因及排除方法见表 3-4。

表 3-4　齿轮泵的常见故障及排除方法

故障现象	产　生　原　因	排　除　方　法
噪声大	（1）吸油管接头、泵体与泵盖的接合面、堵头和泵轴密封圈等处密封不良，有空气被吸入。 （2）泵盖螺钉松动。 （3）泵与联轴器不同心或松动。 （4）齿轮齿形精度太低或接触不良。 （5）齿轮轴向间隙过小。 （6）齿轮内孔与端面垂直度或泵盖上两孔平行度超差。 （7）泵盖修磨后，两卸荷槽距离增大，产生困油。 （8）滚针轴承等零件损坏。 （9）装配不良，如主轴转一周有时轻时重现象	（1）用涂脂法查出泄漏处。用密封胶涂敷管接头并拧紧；修磨泵体与泵盖结合面，保证平面度不超过 0.005 mm。用环氧树脂黏结剂涂敷堵头配合面再压进；更换密封圈。 （2）适当拧紧。 （3）重新安装，使其同心，紧固连接件。 （4）更换齿轮或研磨修整。 （5）配磨齿轮、泵体和泵盖。 （6）检查并修复有关零件。 （7）修整卸荷槽，保证两槽距离。 （8）拆检，更换损坏件。 （9）拆检，重装调整
流量不足或压力不能升高	（1）齿轮端面与泵盖接合面严重拉伤，使轴向间隙过大。 （2）径向不平衡力使齿轮轴变形碰擦泵体，增大径向间隙。 （3）泵盖螺钉过松。 （4）中、高压泵弓形密封圈破坏，或侧板磨损严重	（1）修磨齿轮及泵盖端面，并清除齿形上的毛刺。 （2）校正或更换齿轮轴。 （3）适当拧紧。 （4）更换零件
过热	（1）轴向间隙与径向间隙过小。 （2）侧板和轴套与齿轮端面严重摩擦	（1）检测泵体、齿轮，重配间隙。 （2）修理或更换侧板和轴套

【知识检测】

1. 齿轮泵由哪几部分组成？各密封腔是怎样形成的？

2. 齿轮泵困油现象的原因及消除措施有哪些？

3. 外啮合齿轮泵中存在几种可能产生泄漏的途径？为了减小泄漏，应采取什么措施？

学习情境 3.3 叶片泵的认知和拆装

叶片泵在机床液压系统中应用最为广泛。如图 3-17 所示，它具有结构紧凑、体积小、运转平稳、噪声小、使用寿命长等优点，但也有结构复杂、吸油性较能、对油液污染比较敏感等缺点。一般叶片泵的工作压力为 7 MPa，高压叶片泵可达 14 MPa。

图 3-17 叶片泵

【任务描述】

叶片泵由几部分构成？各部分元件的名称、结构和功能是什么？如何工作？会出现哪些故障？

【任务分析】

通过拆装叶片泵，仔细观察叶片泵的结构，结合叶片泵的工作原理，分析各部分元件的结构和功能，更好地使用和维护叶片泵。

【任务目标】

(1) 掌握叶片泵的结构和原理；
(2) 能正确拆装叶片泵，掌握各零件的名称；
(3) 能够分析限压式叶片泵的特性曲线。

【相关知识】

根据各密封工作容积在转子旋转一周时吸、排油液次数不同，叶片泵分为两类，即旋转一周完成一次吸、排油液的单作用叶片泵和完成两次吸、排油液的双作用叶片泵。单作用叶片泵多用于变量泵，双作用叶片泵均为定量泵。下面我们来学习两类叶片泵的相关知识。

一、双作用叶片泵

1. 双作用叶片泵的基本结构

图 3-18 所示为 YB₁ 型双作用定量叶片泵的结构图,整个泵采用分离结构,泵体由左泵体 1 和右泵体 7 及端盖 8 所组成,转子 3、定子 4 和叶片 5 为泵的主要结构,它的两侧配置有配流盘 2 和 6。由图 3-18 可以看出,吸油口和压油口分别设置在左泵体 1 和右泵体 7 上,具有较远的距离,可以解决隔离与密封的问题。整个转子由花键轴两端的滚动轴承 11、12 支承在泵体内,密封圈 10 可以防止油液的外泄,同时防止了外部灰尘和污物的侵入。

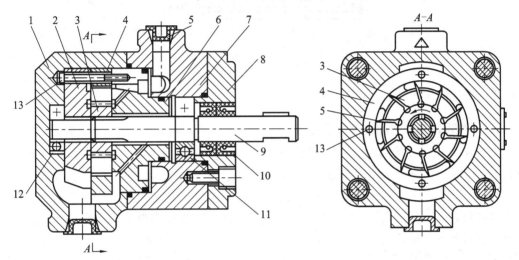

1—左泵体;2—左配流盘;3—转子;4—定子;5—叶片;6—右配流盘;7—右泵体;
8—端盖;9—传动轴;10—防尘密封圈;11、12—轴承;13—螺钉

图 3-18　YB₁ 型叶片泵的结构

2. 双作用叶片泵的工作原理

图 3-19 所示为双作用叶片泵的工作原理图,转子和定子同心,定子的内表面由两段大圆弧、两段小圆弧以及它们之间的四段过渡曲线所组成。当传动轴带动转子旋转时,叶片在离心力和根部压力油的作用下,使叶片紧靠在定子内表面,叶片、定子内表面、转子外表面和两侧配油盘就形成若干个密封空间。当转子按图示方向逆时针旋转时,处在小圆弧上的密封空间经过渡曲线而运动到大圆弧的过程中,叶片外伸,密封空间的容积增大,形成局部真空,油箱中的液压油在大气压力的作用下,被压入吸油腔,这就是叶片泵的吸油过程。在从大圆弧经过渡曲线运动到小圆弧的过程中,叶片被定子内壁逐渐压进槽内,密封空间容积变小,将油液从压油口压出,这就是叶片泵的压油过程。当转子旋转一周时,叶片泵完成两次吸油和压油,故称为双作用叶片泵。另外,泵的两个进油腔和出口压油腔是径向对称的,转子径向受力平衡,所以又称为平衡式叶片泵。

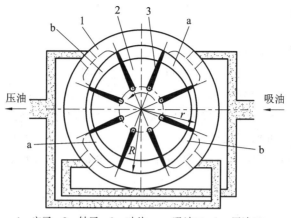

1—定子；2—转子；3—叶片；a—吸油口；b—压油口

图 3 - 19　双作用叶片泵的工作原理图

二、单作用叶片泵

1. 单作用叶片泵的组成及工作原理

如图 3 - 20 所示，单作用叶片泵主要由转子、定子、叶片等组成。转子 1 由传动轴带动绕自身中心旋转，定子是固定不动的，转子中心在定子中心的正上方，二者偏心距为 e。当转子旋转时，叶片在离心力及底部压力油的作用下，使叶片顶部紧靠在定子内表面，并在转子叶片槽内作往复运动。这样，在定子内表面，转子外表面和端盖的空间内，每两个相邻叶片间形成密封的工作容积，如果转子逆时针方向旋转，在转子定子中心连线的右半部，密封的工作容积（吸油腔）逐渐增大，形成局部真空，油箱中的液压油在大气压力的作用下，被压入吸油腔，这就是叶片泵的吸油过程。同时，在左半部，工作容积逐渐减小而压出液压油，这就是叶片泵的压油过程。转子旋转一周，叶片泵完成一次吸油和压油，故称其为单作用叶片泵。因单作用叶片泵径向受力不平衡，故又称为非平衡式叶片泵。

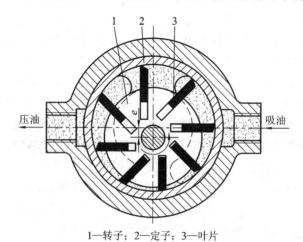

1—转子；2—定子；3—叶片

图 3 - 20　单作用叶片泵的工作原理图

2. 限压式变量叶片泵

限压式变量叶片泵是一种自动调节式变量泵，它能根据外负载的大小自动调节泵的排量。限压式变量叶片泵的流量改变是利用压力的反馈作用实现的，按照控制方式分为内反馈和外反馈两种形式。下面主要介绍外反馈限压式变量叶片泵。

1）外反馈限压式变量叶片泵的工作原理

如图 3-21(a)所示，外反馈限压式变量叶片泵中转子的中心 o_1 固定不变，定子中心 o_2 可以左右移动，它在限压弹簧的作用下被推向左端和反馈柱塞右端面接触，使定子和转子的中心保持一个初始偏心距 e_x。当转子按顺时针方向旋转时，转子上部为压油区，压力油的合力把定子向上压在滑动滚针支承上。定子左边有一个反馈柱塞，它的油腔与泵的压油腔相通。设反馈柱塞面积为 A_x，则作用在定子上的液压力为 pA_x，当液压力小于弹簧的预紧力 F_s 时，弹簧把定子推向最左边，此时偏心距为最大值 $e_{max}=e_0$，则流量为最大流量值 q_{max}。当泵的压力增大，即 $pA_x>F_s$ 时，液压力克服弹簧力，把定子向右推移，偏心距减小，流量降低，当压力增大到泵内偏心距所产生的流量全部用于补偿泄漏时，泵的输出流量为零，这意味着不管外负载怎样加大，泵的输出压力不会再升高，这也是"限压"的由来。由于反馈是借助于外部的反馈柱塞实现的，因此称为外反馈。

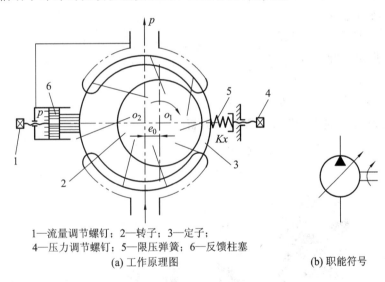

1—流量调节螺钉；2—转子；3—定子；
4—压力调节螺钉；5—限压弹簧；6—反馈柱塞
(a) 工作原理图　　　　　　　(b) 职能符号

图 3-21　外反馈限压式变量叶片泵

2）限压式变量叶片泵的特性曲线

当作用在定子上的液压力 $pA_x<F_s$，即 $p<p_b$ 时，油压的作用力还不能克服弹簧的预紧力，这时定子的偏心距不变，泵的理论流量不变。但由于泄漏，泵的实际输出流量随其压力增加而稍有下降，如图 3-22 中 AB 段所示。

当 $pA_x=F_s$，即泵的供油压力 $p=p_b$ 时，泵的流量开始改变，$p_{min}=p_b=\dfrac{F_s}{A_x}$。

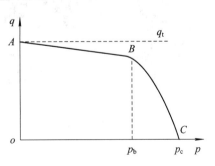

图 3-22　外反馈限压式变量叶片泵的
流量-压力曲线

当 $pA_x > F_s$，即泵的供油压力在 $p_b \sim p_c$ 之间时，定子将右移，移动量为 x，偏心距为 $e_{max} > x$，此时 $pA_x = F_s + Kx$。

当 $p = p_c$ 时，$e_{max} = x$，此时泵的供油压力为最大，其值为 $p_{max} = p_c = \dfrac{F_s + Ke_{max}}{A_x}$。泵的压力也不会继续升高。所以，$C$ 点所对应的压力 p_c 为泵的极限压力。

【任务实施】

一、YB 型叶片泵的拆装训练

1. 实训目的

根据 YB 型双作用定量叶片泵实物，认识叶片泵的铭牌、型号等内容；通过拆装，掌握叶片泵内每个零部件的构造，分析叶片泵的工作三要素；从结构上加以分析液压泵的困油问题；掌握拆装叶片泵的方法和拆装要点。

2. 实训过程

工具准备：内六角扳手、固定扳手、螺丝刀、卡簧钳、YB 型叶片泵。

拆卸步骤如下：

第一步，卸下螺栓，拆开泵体；

第二步，取出右配油盘；

第三步，取出转子和叶片；

第四步，取出定子，再取左配油盘。

3. $YB_1 - 25$ 型定量叶片泵主要零部件分析

图 3-23 所示为 $YB_1 - 25$ 型定量叶片泵的各个零件图。

图 3-23 $YB_1 - 25$ 型定量叶片泵的零件图

1）定子曲线

定子曲线是由四段圆弧和四段过渡曲线组成的。过渡曲线应保证叶片贴紧在定子内表面上，保证叶片在转子槽中径向运动时速度和加速度的变化均匀，使叶片对定子的内表面的冲击尽可能小。目前定子曲线多采用"等加速-等减速"移动规律的曲线。

2）叶片的倾角

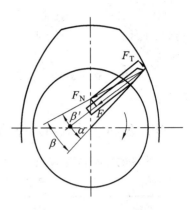

叶片在工作过程中，受离心力和叶片根部压力油的作用，使叶片和定子紧密接触。如图 3-24 所示，为使叶片能在槽中滑动灵活而不至于因摩擦力过大等被卡住甚至折断，叶片不能径向安装，而是将叶片相对于转子的旋转方向向前倾斜一角度 α 安装，常取 $\alpha=15°$。

3）配油盘

图 3-25 是 YB 型双作用叶片泵配流盘的结构简图。图中的小孔 b 为配流盘定位孔；$B-B$ 剖面表示压油窗口的一部分油通过 a 和配流盘端而与环形槽相连，环形槽又与叶片泵转子上的叶片槽底部相对，使压力油通至叶片槽底部，以便增大叶片对定子表面的压紧力，从而防止漏油，提高了泵的容积效率。同时为减少两叶片间的密闭容积在吸、压油腔之间转移时因压力突变而引起的压力冲击，在配流盘吸、压油窗口的前端开有三角形减振槽。

图 3-24　叶片的倾角

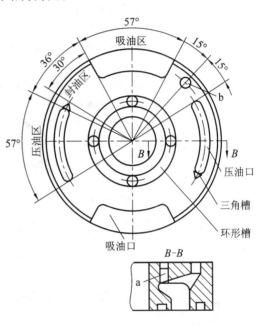

图 3-25　叶片泵的右配流盘

4. 叶片泵的装配

装配步骤如下：

第一步，将叶片装入转子内（注意叶片的安装方向）；

第二步，将配油盘装入左泵体内，再放进定子；

第三步，将装好的转子放入定子内；

第四步，插入传动轴和配油盘（注意配油盘的方向）；

第五步，装上密封圈和右泵体，拧紧螺栓。

5. 拆装注意事项

（1）拆解叶片泵时，先用内六方扳手在对称位置松开后泵体上的螺栓，再取掉螺栓，用铜棒轻轻敲打使花键轴和前泵体及泵盖部分从轴承上脱下，把叶片分成两部分。

（2）观察后泵体内定子、转子、叶片、配油盘的安装位置，分析其结构、特点，理解其工作过程。

（3）取掉泵盖，取出花键轴，观察所用的密封元件，理解其特点、作用。

（4）拆卸过程中，遇到元件卡住的情况时，不要乱敲硬砸。

（5）装配前，各零件必须清洗干净，不得有切屑磨粒或其他污物。

（6）装配时，遵循先拆的部件后安装，后拆的零部件先安装的原则，正确合理地安装，注意配油盘、定子、转子、叶片应保持正确的装配方向，安装完毕后应使泵转动灵活，没有卡死现象。

（7）叶片在转子槽内，配合间隙为 0.015～0.025 mm；叶片高度略低于转子的高度，其值为 0.005 mm。

二、叶片泵的常见故障及排除方法

叶片泵的常见故障现象、产生原因及排除方法见表 3 - 5。

表 3 - 5　齿轮泵的常见故障及排除方法

故障现象	产　生　原　因	排　除　方　法
噪声大	（1）叶片顶部倒角太小； （2）叶片各面不垂直； （3）定子内表面被刮伤或磨损，产生运动噪声； （4）由于修磨使配油盘上三角形卸荷槽太短，不能消除困油现象； （5）配油盘端面与内孔不垂直，旋转时刮磨转子端面而产生噪声； （6）泵轴与原动机不同轴	（1）重新倒角（不小于 1×45°）或修成圆角； （2）检查，修磨； （3）抛光，有的定子可翻转 180°使用； （4）锉修卸荷槽； （5）修磨配油盘端面，保证其与内孔的垂直度小于 0.005～0.01 mm； （6）调整连轴器，使同轴度小于 φ0.1 mm
容积效率低或压力不能升高	（1）个别叶片在转子槽内移动不灵活甚至卡住； （2）叶片装反； （3）叶片顶部与定子内表面接触不良； （4）叶片与转子叶片槽配合间隙过大； （5）配油盘端面磨损； （6）限压式变量泵限定压力调得太小； （7）限压式变量泵的调压弹簧变形或太软； （8）变量泵的反馈缸柱塞磨损	（1）检查，选配叶片或单槽研配保证间隙； （2）重新装配； （3）修磨定子内表面或更换叶片； （4）选配叶片，保证配合间隙； （5）修磨或更换； （6）重新调整压力调节螺钉； （7）更换合适的弹簧； （8）更换新柱塞

【知识检测】

1. YB 型（或 YB1 型）双作用定量叶片泵的结构有什么特点？叙述其工作原理。

2. YB 型双作用定量叶片泵的困油问题是怎样解决的？配油盘上的三角槽的作用是什么？

3. 双作用叶片泵的密封工作空间由哪些零件组成？共有几个？

4. 某机床液压系统采用限压式变量泵，泵的流量-压力特性曲线如图 3-26 所示。泵的总效率为 0.7，如机床在工作进给时泵的压力 $p=4.5$ MPa，输出流量 $q=25$ L/min，在快速移动时，泵的压力和流量分别为 2 MPa、20 L/min，问限压式变量泵的流量-压力特性曲线应调成何种图形？泵所需的最大驱动功率为多少？

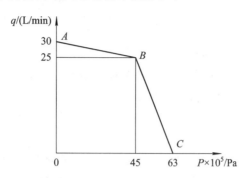

图 3-26 泵的流量-压力特性曲线

学习情境 3.4　柱塞泵的认知和拆装

柱塞泵广泛用于高压、大流量和流量需要调节的场合，诸如龙门刨床、拉床、液压机、工程机械、矿山机械和船舶机械中。图 3-27 所示为斜盘式轴向柱塞泵。与齿轮泵和叶片泵相比，它的优点主要有：第一，构成密封容积的零件为圆柱形的柱塞和缸孔，加工方便，容易得到较高的配合精度，密封性能好；第二，只需改变柱塞的工作行程就能改变流量，易于实现变量；第三，柱塞泵中的主要零件均受压应力作用，材料强度性能可得到充分利用。但柱塞泵也有对油液污染敏感、滤油精度要求高、对材质和加工精度要求高、价格较昂贵等缺点。

图 3-27 斜盘式轴向柱塞泵

【任务描述】

柱塞泵由几部分构成？各部分元件的名称、结构和功能是什么？如何工作？会出现哪些故障？

【任务分析】

通过拆装柱塞泵，仔细观察柱塞泵的结构，结合柱塞泵的工作原理，分析各部分元件的结构和功能，更好地使用和维护柱塞泵。

【任务目标】

(1) 掌握柱塞泵的结构和原理；

(2) 能正确拆装柱塞泵，掌握各零件的名称和功能；

(3) 能够分析柱塞泵常见故障产生的原因。

【相关知识】

柱塞泵是靠柱塞在缸体中作往复运动造成密封容积的变化来实现吸油与压油的液压泵。柱塞泵按柱塞的排列和运动方向不同，可分为径向柱塞泵和轴向柱塞泵两大类，如图 3-28 所示。若转子的中心线和柱塞的中心线是垂直的则为径向柱塞泵，若平行则为轴向柱塞泵。

 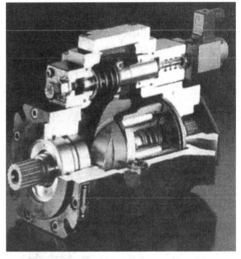

(a) 径向柱塞泵　　　　　　　　　　(b) 轴向柱塞泵

图 3-28　柱塞泵

一、径向柱塞泵

1. 径向柱塞泵的结构

如图 3-29 所示，径向柱塞泵主要由柱塞、转子、衬套、定子和配油轴组成。转子内孔压有衬套，它们之间为过盈配合，衬套随转子一起转动。定子和转子之间有偏心 e，配油轴固定不动。柱塞径向排列在缸体圆周上的柱塞孔中，转子（缸体）由原动机带动连同柱塞一起旋转，柱塞靠离心力作用抵紧在定子内壁，并在转子的径向孔内运动，形成密封工作容腔。

径向柱塞泵的配油方式为轴配油。配油轴和衬套接触的一段加工出上下两个缺口，形成吸油口和压油口，留下的部分形成封油区。从配油轴的一端往两缺口部分各钻两个深孔，通向吸油口和压油口。油液从上半部的两个孔流入，从下半部的两个孔压出。配油轴固定不动。

2. 径向柱塞泵的工作原理

径向柱塞泵的工作原理如图 3-29 所示，柱塞 1 径向排列装在缸体 2 中，缸体由原动机带动连同柱塞 1 一起旋转，所以缸体 2 一般称为转子，柱塞 1 在离心力（或低压油）的作用下抵紧定子 4 的内壁，当转子按图示方向回转时，由于定子和转子之间有偏心距 e，柱塞绕经上半周时向外伸出，柱塞底部的容积逐渐增大，形成部分真空，将油箱中的油液经配流轴 5 上的 a 孔进入 b 腔；当柱塞转到下半周时，定子内壁将柱塞向里推，柱塞底部的容积逐渐减小，将 c 腔的油液从配油轴上的 d 孔向外压出；当转子回转一周时，每个柱塞底部的密封容积完成一次吸压油，转子连续运转，即完成吸压油工作。转子不停地旋转，泵就不停地吸油和压油。改变偏心 e 的大小和方向，就可以改变泵的输出流量和泵的吸、压油方向。因此径向柱塞泵可以做成单向或双向变量泵。

径向柱塞泵的径向尺寸大，自吸能力差，配油轴受径向不平衡液压力作用，易于磨损。这些原因限制了径向柱塞泵的转速和工作压力的提高。

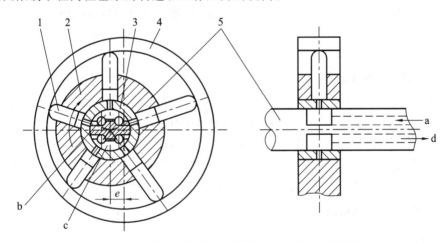

1—柱塞；2—缸体；3—衬套；4—定子；5—配油轴

图 3-29　径向柱塞泵的结构及工作原理图

二、轴向柱塞泵

轴向柱塞泵除了柱塞轴向排列外，当缸体轴线和传动轴轴线重合时，称为斜盘式（直轴式）轴向柱塞泵；当缸体轴线和传动轴轴线成一个夹角 γ 时，称为斜轴式（摆缸式）轴向柱塞泵。下面以斜盘式轴向柱塞泵为例介绍轴向柱塞泵的结构和工作原理。

1. 斜盘式轴向柱塞泵的结构

如图 3-30 所示，斜盘式轴向柱塞泵主要由柱塞、缸体、配油盘和斜盘等零件组成。柱塞轴向排列在缸体圆周上的柱塞孔中，靠弹簧压紧在斜盘上，斜盘法线和缸体轴线倾斜一

角度 γ。当传动轴带动缸体按图示方向旋转时，斜盘和配油盘是固定不动的。柱塞一方面随缸体作回转运动，另一方面在缸孔内作往复运动。柱塞底部的密封工作容腔通过配油盘窗口进行吸油和压油。

斜盘式轴向柱塞泵的配油方式为盘式配油。吸油窗口和压油窗口之间的封油区宽度应稍大于柱塞缸体底部通油孔的宽度，但不能相差太大，否则会发生困油现象。在配油窗口的两端部各开有一个三角形卸荷槽，以减缓流量脉动和压力脉动，从而减少振动和噪声。

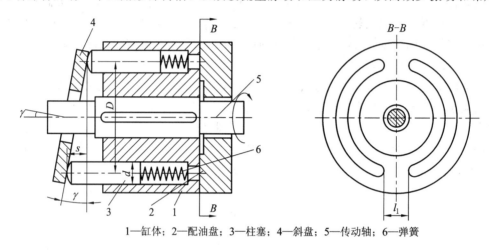

1—缸体；2—配油盘；3—柱塞；4—斜盘；5—传动轴；6—弹簧

图 3-30 轴向柱塞泵的结构及工作原理图

2. 斜盘式轴向柱塞泵的工作原理

回转方向如图 3-30 所示，当缸体转角在 $\pi \sim 2\pi$ 范围内时，柱塞向外伸出，柱塞底部缸孔的密封工作容积增大，通过配油盘的吸油窗口吸油；在 $0 \sim \pi$ 范围内时，柱塞被斜盘推入缸体，使缸孔容积减小，通过配油盘的压油窗口压油。缸体每转一周，每个柱塞各完成吸、压油一次。改变斜盘倾角 γ，就能改变柱塞行程的长度，即改变液压泵的排量；改变斜盘倾角方向，就能改变吸油和压油的方向，即成为双向变量泵。

3. 轴向柱塞泵的结构特点

1）典型结构

图 3-31 所示为一种直轴式轴向柱塞泵的结构。柱塞的球状头部装在滑履 9 内，以缸体作为支撑的弹簧 2 通过钢球推压回程盘 10，回程盘和柱塞滑履一同转动。在排油过程中借助斜盘 11 推动柱塞作轴向运动；在吸油时依靠回程盘、钢球和弹簧组成的回程装置将滑履紧紧压在斜盘表面上滑动，弹簧 2 也称为回程弹簧，这样的泵具有自吸能力。在滑履与斜盘相接触的部分有一油室，它通过柱塞中间的小孔与缸体中的工作腔相连，压力油进入油室后在滑履与斜盘的接触面间形成了一层油膜，起着静压支承的作用，使滑履作用在斜盘上的力大大减小，因而磨损也减小。传动轴 6 通过左边的花键带动缸体 3 旋转，由于滑履 9 贴紧在斜盘表面上，因此柱塞在随缸体旋转的同时在缸体中作往复运动。缸体中柱塞底部的密封工作容积是通过配油盘 4 与泵的进出口相通的。随着传动轴的转动，液压泵连续地吸油和排油。

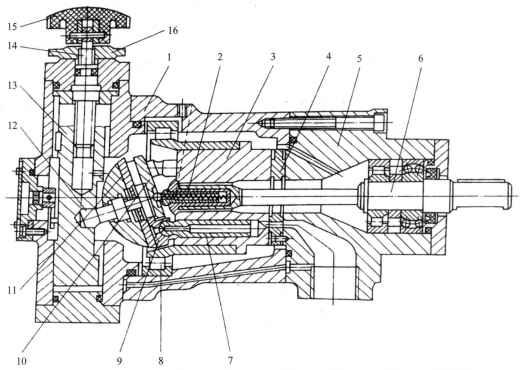

1—泵体；2—定心弹簧；3—缸体；4—配油盘；5—右泵盖；6—传动轴；7—柱塞；8—滚柱轴承；
9—滑履；10—回程盘；11—斜盘；12—轴销；13—柱塞；14—螺杆；15—调节手轮；16—锁紧螺母

图 3-31　直轴式轴向柱塞泵结构

2）变量机构

若要改变轴向柱塞泵的输出流量，只需改变斜盘的倾角 γ，即可改变轴向柱塞泵的排量和输出流量。下面介绍常用的轴向柱塞泵的手动变量机构和伺服变量机构的工作原理。

（1）手动变量机构。

如图 3-31 所示，转动调节手轮 15，使螺杆 14 转动，带动柱塞 13 作轴向移动（因导向键的作用，变量活塞只能作轴向移动，不能转动）。通过轴销 12 使斜盘 11 绕变量机构壳体上的圆弧导轨面的中心（即钢球中心）旋转，从而使斜盘倾角改变，达到变量的目的。当流量达到要求时，可用锁紧螺母 16 锁紧。这种变量机构结构简单，但操纵不轻便，且不能在工作过程中变量。

（2）伺服变量机构。

图 3-32 所示为轴向柱塞泵的伺服变量机构，以此机构代替图 3-31 所示的轴向柱塞泵中的手动变量机构，就成为手动伺服变量泵。其工作原理为：泵输出的压力油由通道经单向阀 a 进入变量机构壳体的下腔 d，液压力作用在变量活塞 4 的下端。当与伺服阀阀芯 1 相连接的拉杆不动（图示状态）时，变量活塞 4 的上腔 g 处于封闭状态，变量活塞不动，斜盘 3 在某一相应的位置上。当使拉杆向下移动时，推动阀芯 1 一起向下移动，d 腔的压力油经通道 e 进入上腔 g。由于变量活塞上端的有效面积大于下端的有效面积，向下的液压力大于向上的液压，因此变量活塞 4 也随之向下移动，直到将通道 e 的油口封闭为止。变量活塞的移动量等于拉杆的位移量。当变量活塞向下移动时，通过轴销带动斜盘 3 摆动，斜

盘倾斜角增加，泵的输出流量随之增加；当拉杆带动伺服阀阀芯向上运动时，阀芯将通道 f 打开，上腔 g 通过卸压通道接通油箱而卸压，变量活塞向上移动，直到阀芯将卸压通道关闭为止。它的移动量也等于拉杆的移动量。这时斜盘也被带动作相应的摆动，使倾斜角减小，泵的流量也随之相应地减小。由上述可知，伺服变量机构是通过操作液压伺服阀动作，利用泵输出的压力油推动变量活塞来实现变量的。故加在拉杆上的力很小，控制灵敏。拉杆可用手动方式或机械方式操作，斜盘可以倾斜±18°，故在工作过程中泵的吸压油方向可以变换，因而这种泵就成为双向变量液压泵。

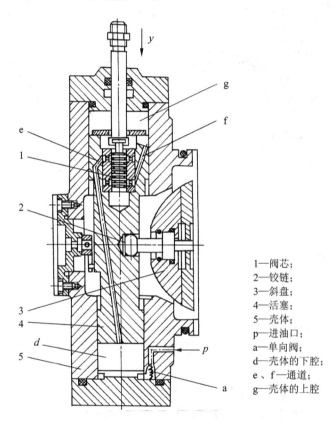

1—阀芯；
2—铰链；
3—斜盘；
4—活塞；
5—壳体；
p—进油口；
a—单向阀；
d—壳体的下腔；
e、f—通道；
g—壳体的上腔

图 3-32　伺服变量机构

除了以上介绍的两种变量机构以外，轴向柱塞泵还有很多种变量机构，如恒功率变量机构、恒压变量机构、恒流量变量机构等，这些变量机构与轴向柱塞泵的泵体部分组合就成为各种不同变量方式的轴向柱塞泵，在此不作介绍。

【任务实施】

一、柱塞泵的拆装训练

1. 实训目的

掌握轴向柱塞泵中斜盘式轴向柱塞泵的结构和工作原理，以及变量柱塞泵中变量机构的种类和原理，观察变量机构的结构特点，柱塞的构造、数量，斜盘的结构，变量机构的构造和作用。

2．实训过程

工具准备：内六角扳手、固定扳手、螺丝刀、柱塞泵。

拆卸顺序如下（以手动变量斜盘式轴向柱塞泵为例，见图 3－33）：

第一步，拆卸螺栓，取下泵体及其密封装置；

第二步，取出配油盘；

第三步，拆卸螺栓，取下变量机构壳体；

第四步，取出斜盘；

第五步，取出柱塞、滑履和回程盘；

第六步，从泵体右侧将传动轴上的卡环取出，卸下传动轴。

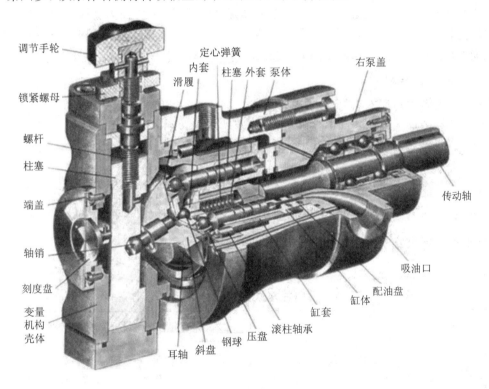

图 3－33　10SCY14－1B 型轴向柱塞泵

3．柱塞泵主要结构分析

轴向柱塞泵的主要零部件分析如下所述。

1）缸体

缸体上面有若干个与柱塞相配合的圆柱孔，其加工精度很高，既能保证相对滑动，又有良好的密封性能。缸体中心开有花键孔，与传动轴相配合。缸体右端面与配流盘相配合。缸体外表面镶有钢套并装在滚动轴承上。

2）滑履机构

柱塞在缸体内做往复运动，并随缸体一起转动。滑履随柱塞做轴向运动，并在斜盘的作用下绕柱塞球头中心摆动，使滑履平面与斜盘斜面贴合。如图 3－34 所示，柱塞和滑履中心开有直径为 1 mm 的小孔，缸体的压力油可进入柱塞和滑履，在滑履和斜盘间的相对滑动表面上形成油膜，起静压支承作用，以减小这些零件的磨损。

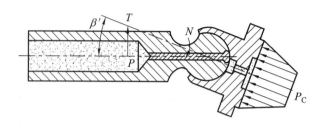

图 3-34　滑履机构

3）中心弹簧机构

中心弹簧机构装在内套和外套中，在弹簧力的作用下，一方面内套通过钢球和压盘将滑履压向斜盘，使得柱塞在吸油位置时具有自吸能力，同时弹簧力又使得外套压在缸体的左端面上，和缸内的压力油的作用力一起，使缸体和配油盘接触良好，减少泄露。

4. 柱塞泵的装配

（1）装配前要对所有零部件进行清洗；

（2）将柱塞装入回程盘内，并装入内套，再装入回转缸体内；

（3）将传动轴装入泵体，再安装配流盘和密封圈；

（4）安装泵体后，拧紧螺栓，再装入缸体；

（5）安装斜盘；

（6）给变量壳体安装上密封圈后，用螺栓将变量壳体和中间泵体连接。

二、轴向柱塞泵常见故障及排除方法

轴向柱塞泵的常见故障现象、产生原因及排除方法见表 3-6。

表 3-6　轴向柱塞泵的常见故障及排除方法

故障现象	产　生　原　因	排　除　方　法
噪声大或压力波动大	（1）变量柱塞因油脏或污物卡住而运动不灵活； （2）变量机构偏角太小，流量过小，内泄漏增大； （3）柱塞头部与滑履配合松动	（1）清洗或拆下配研、更换； （2）加大变量机构偏角，消除内泄漏； （3）可适当铆紧
容积效率低或压力提升不高	（1）泵轴中心弹簧折断，使柱塞回程不够或不能回程，缸体与配流盘间密封不良； （2）配油盘与缸体间结合面不平或有污物卡住以及拉毛； （3）柱塞与缸体孔间磨损或拉伤； （4）变量机构失灵； （5）系统泄漏及其他元件故障	（1）更换中心弹簧； （2）清洗或研磨、抛光配油盘与缸体结合面； （3）研磨或更换有关零件，保证其配合间隙； （4）检查变量机构，纠正其调整误差； （5）逐个检查，逐一排除

【知识检测】

1. 简述直轴轴向柱塞泵的结构和工作原理。
2. 柱塞泵的密封工作容积由哪些零件组成？
3. 柱塞泵的配流装置属于哪种配流方式？它是如何实现配流的？
4. 柱塞泵的配流盘上开有几个槽孔？各起什么作用？
5. 变量机构由哪些零件组成？如何调节泵的流量？

学习情境 3.5　液压泵的选用

液压泵是向液压系统提供一定流量和压力油液的动力元件，它是每个液压系统不可缺少的核心元件，合理地选择液压泵对于降低液压系统能耗，提高系统的效率，降低噪音，改善工作性能和保证系统的可靠工作都十分重要。

【任务描述】

图 3-35 所示为一批不同类型的液压设备所用液压泵的类型，分析各类型液压泵的应用场合，找出其使用规律。

【任务分析】

要想合理选择液压泵，必须了解选用液压泵时应考虑的主要因素，熟悉各类液压泵的性能特点。

图 3-35　液压泵

【任务目标】

(1) 掌握液压泵的选用原则；
(2) 了解不同液压泵的性能区别；
(3) 能够根据使用场合选择合适的液压泵。

【相关知识】

一、液压泵的选择

液压泵的种类很多，其特性也有很大差别，选择液压泵时主要考虑的因素有：

(1) 是否要求变量。若要求变量，则选用变量泵，其中单作用叶片泵的工作压力较低，仅适用于机床系统。

(2) 工作压力。目前各类液压泵的额定压力都有提高，但相对而言，柱塞泵的额定压力最高。

(3) 工作环境。齿轮泵的抗污染能力最好，因此特别适于工作环境较差的场合。

(4) 噪声指标。属于低噪声的液压泵有内啮合齿轮泵、双作用叶片泵和螺杆泵。

(5) 效率。按结构形式分，轴向柱塞泵的总效率最高；同一种结构的液压泵，排量最大的总效率最高；同一排量的液压泵，在额定工况（额定压力、额定转速、最大排量）时总效率最高。

总的来说，选择液压泵的主要原则是根据液压系统的工作需要、载荷性质、功率大小和对工作性能的其他要求，先确定液压泵的类型，然后按系统所要求的压力、流量大小确定其规格型号。表 3-7 列出了各类液压泵的性能及应用。

表 3-7　各类液压泵的性能及应用

性能参数 ＼ 类型	齿轮泵	叶片泵		柱塞泵	
		单作用	双作用	径向柱塞泵	轴向柱塞泵
输出压力/MPa	2～21	2.5～6.3	6.3～21	10～20	21～40
排量范围/(mL/r)	0.3～650	1～320	0.5～480	20～720	0.5～3600
转速范围/(r/min)	300～7000	500～2000	500～4000	700～1800	600～6000
总效率	63～87	71～85	65～82	81～83	81～88
输出流量脉动	很大	很小	一般	一般	一般
自吸特性	好	较差	较差	差	差
耐污能力	不敏感	较敏感	较敏感	很敏感	很敏感
噪声	大	小	较大	大	大
价格	较低	中	中低	高	高
应用	一般常用于机床液压系统及低压大流量的一些系统或控制系统，中等高压齿轮泵常用于工程机械、航空、造船等方面	在中、低压液压系统中用得较多，常用于精密机床及一些功率较大的设备上，如高精度平磨、塑料机械等，组合机床液压系统中用得很多	在各类机床设备中得到了广泛应用，在注塑机、运输装卸机械、液压机和工程机械得到了广泛应用	多用于 10 MPa 以上的各类液压系统中，由于体积大，重量大，耐冲击性好，故常用于固定设备，如拉床、压力机或船舶等方面	在各类高压系统中应用非常广泛，如冶金、矿山、锻压、起重机械、工程机械、造船等方面

二、液压泵的使用

使用液压泵时有以下注意事项：

（1）启动液压泵前，必须保证其壳体内已充满油液，否则，液压泵会很快损坏。

（2）液压泵的吸油口和排油口的过滤器应及时清洗，因为污物阻塞会导致泵工作时的噪声大，压力波动严重或输出油量不足，并易使泵出现更严重的故障。

（3）应避免在油温过低或过高情况下启动液压泵。油温过低时，由于油液黏度大会导致吸油困难，严重时会很快造成泵的损坏。油温过高时，油液黏度下降，不能在金属表面形成正常的油膜，使润滑效果降低，泵内的摩擦副发热加剧，严重时会烧结在一起。

（4）液压泵的吸油管不应与系统回油管相连接，避免系统排出的热油未经冷却直接吸入液压泵，使液压泵乃至整个系统油温上升，并导致恶性循环，最终使元件或系统发生故障。

（5）在自吸性能差的液压泵的吸油口设置过滤器，随着污染物的积聚，过滤器的压降会逐渐增加,液压泵的最低吸入压力将得不到保证,会造成液压泵吸油不足,出现振动及噪声,直至损坏液压泵。

(6) 对于大功率液压系统,电动机和液压泵的功率都很大,工作流量和压力也很高,会产生较大的机械振动。为防止这种振动直接传到油箱而引起油箱共振,应采用橡胶软管来连接油箱和液压泵的吸油口。

【任务实施】

统计一定数量不同类型液压设备所用的液压泵,分析各类型液压泵的应用场合,并总结规律。

【知识检测】

1. 简述齿轮泵、叶片泵、柱塞泵的特点。

2. 如图 3 - 36 所示,有一机床系统要求:快进 $q=20$ L/min,$p=2$ MPa;工进 $q=2.5$ L/min,$p=4.5$ MPa。试比较选用定量泵和变量泵。

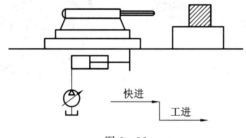

图 3 - 36

学习情境 4　执行元件——液压缸和液压马达的结构特点

在液压传动系统中，液压执行元件是把通过回路输入的液压能转变为机械能输出的装置。如图 4-1 所示，液压执行元件有液压缸和液压马达两种类型，二者的区别在于：液压缸将液压能转换成作直线往复运动的机械能；而液压马达将液压能转换成连续旋转运动的机械能。

(a) 液压缸　　　　　　　　　　　　(b) 液压马达

图 4-1　执行元件

【任务描述】

液压缸由哪几部分构成？各部分结构的名称和功能是什么？如何工作？会出现哪些故障？

【任务分析】

通过拆装液压缸，结合液压缸的工作原理，分析各部分元件的结构和功能，更好地使用和维护液压缸。

【任务目标】

(1) 掌握液压缸的分类和结构特点；

(2) 掌握液压马达的分类、结构特点和性能；

(3) 了解液压缸的缓冲装置、排气装置和密封装置。

【相关知识】

一、液压缸

液压缸是将液压能转换成直线往复运动的机械能的装置。与其他传动方式相比，液压缸可以很容易地实现直线往复运动，并输出很大的力，在工业生产各领域应用广泛。

1. 液压缸的类型和图形符号

液压缸按其结构形式，可分为活塞缸、柱塞缸和摆动缸三类。活塞缸和柱塞缸实现往复运动，输出推力和速度；摆动缸则能实现小于 360° 的往复运动，输出转矩和角速度。液压缸除单个使用外，还可以几个组合起来或和其他机构组合起来，以实现特殊的功用。常用液压缸的图形符号如表 4-1 所示。

表 4-1　常用液压缸的图形符号

类型	三种基本形式液压缸			
	活塞缸		柱塞缸	摆动缸
	单杆	双杆		
图形符号				
类型	组合式液压缸		
	增压缸	伸缩缸	齿条活塞缸
图形符号			

2. 各种液压缸的工作特点

1）活塞缸

活塞缸用来实现直线运动，输出推力和速度。活塞式液压缸按作用方式不同有单作用、双作用之分。双作用又分为双作用双活塞杆和双作用单活塞杆。双杆式指的是活塞的两侧都有伸出杆，单杆式指的是活塞的一侧有伸出杆。

（1）双杆式活塞缸。活塞两端都有一根直径相等的活塞杆伸出的液压缸称为双杆式活塞缸。根据安装方式不同双杆式活塞杆又可分为缸筒固定式和活塞杆固定式两种。图 4-2 (a) 中缸体固定，活塞杆移动，工作台的移动范围为活塞有效行程的三倍，一般用于小型设备；图 4-2(b) 中活塞杆固定，缸体移动，工作台的移动范围为缸筒有效行程的两倍，一般用于大中型设备。

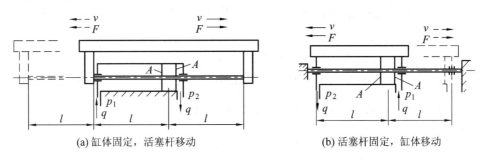

(a) 缸体固定，活塞杆移动　　　　　　　(b) 活塞杆固定，缸体移动

图 4-2　双杆式活塞缸

由于双杆活塞缸是对称的，因此，左腔进油和右腔进油的推力及速度的大小相同，方向相反，其值分别为

$$F_1 = F_2 = (p_1 - p_2)A\eta_\mathrm{m} = (p_1 - p_2)\frac{\pi}{4}(D^2 - d^2)\eta_\mathrm{m} \qquad (4-1)$$

$$v_1 = v_2 = \frac{q}{A}\eta_V = \frac{4q\eta_V}{\pi(D^2 - d^2)} \qquad (4-2)$$

式中：A——活塞的有效面积；

D、d——活塞和活塞杆的直径；

q——输入流量；

p_1、p_2——缸的进、出口压力；

η_m、η_V——缸的机械效率、容积效率。

（2）单杆式活塞缸。如图 4-3 所示，活塞缸只有一端带活塞杆的液压缸称为单杆式活塞缸。单杆式活塞缸也有缸体固定和活塞杆固定两种形式，但它们的工作台移动范围都是活塞有效行程的两倍。

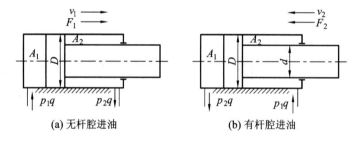

(a) 无杆腔进油　　　　　　(b) 有杆腔进油

图 4-3　单杆式活塞缸

由于只在活塞的一端有活塞杆，使两腔的有效工作面积不相等，因此在两腔分别输入相同流量的情况下，活塞的往复运动速度不相等。

① 无杆腔进油：

$$F_1 = (p_1 A_1 - p_2 A_2)\eta_\mathrm{m} = \left[p_1 \frac{\pi}{4} D^2 - p_2 \frac{\pi}{4}(D^2 - d^2) \right]\eta_\mathrm{m} \qquad (4-3)$$

$$v_1 = \frac{q}{A_1}\eta_V = \frac{4q\eta_V}{\pi D^2} \qquad (4-4)$$

② 有杆腔进油：

$$F_2 = (p_1 A_2 - p_2 A_1)\eta_\mathrm{m} = \left[p_1 \frac{\pi}{4}(D^2 - d^2) - p_2 \frac{\pi}{4} D^2 \right]\eta_\mathrm{m} \qquad (4-5)$$

$$v_2 = \frac{q}{A_2}\eta_V = \frac{4q\eta_V}{\pi(D^2 - d^2)} \qquad (4-6)$$

在液压缸的活塞往复运动速度有一定要求的情况下，活塞杆直径 d 通常根据液压缸速度比 $\lambda = \dfrac{v_2}{v_1}$ 的要求以及缸内径 D 来确定。由式(4-4)和式(4-6)得

$$\frac{v_2}{v_1} = \frac{1}{\left[1 - \left(\dfrac{d}{D}\right)^2 \right]} = \lambda \Rightarrow d = D\sqrt{\frac{\lambda - 1}{\lambda}} \qquad (4-7)$$

由此可见，速度比 λ 越大，活塞杆直径 d 越大。

（3）差动液压缸。如图 4-4 所示，单杆活塞缸的左右腔同时接通压力油，称为差动连接，此缸称为差动液压缸。差动液压缸左、右腔压力相等，但左、右腔有效面积不相等，因此，活塞向右运动。差动连接时因回油腔的油液进入左腔，从而提高活塞运动速度，其推力 F 和速度 v 的计算如下：

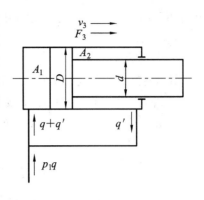

图 4-4　差动缸

$$F_3 = p_1(A_1 - A_2)\eta_m = p_1 \frac{\pi}{4}d^2\eta_m \qquad (4-8)$$

由 $A_1 v_3 = q + A_2 v_3$，得

$$v_3 = \frac{q}{A_1 - A_2} = \frac{q}{\frac{\pi}{4}d^2}$$

考虑容积效率 η_V，则有

$$v_3 = \frac{4q}{\pi d^2}\eta_V \qquad (4-9)$$

【例 4-1】 已知单活塞杆液压缸的缸筒内径 $D=100$ mm，活塞杆直径 $d=70$ mm，进入液压缸的流量 $q=25$ L/min，压力 $p_1=2$ MPa，$p_2=0$。液压缸的容积效率 η_V 和机械效率 η_m 分别为 0.98、0.97，试求在图 4-3(a)、(b) 及图 4-4 所示的三种工况下液压缸可能推动的最大负载和运动速度，并给出运动方向。

解　① 在图 4-3(a) 中，液压缸无杆腔进压力油，回油腔压力为零，因此，可推动的最大负载为

$$F_1 = \frac{\pi}{4}D^2 p_1 \eta_m = \frac{\pi}{4} \times 0.1^2 \times 2 \times 10^6 \times 0.97 = 15237 \text{ (N)}$$

液压缸向左运动，其运动速度为

$$v_1 = \frac{4q}{\pi D^2}\eta_V = \frac{4 \times 25 \times 10^{-3} \times 0.98}{\pi \times 0.1^2 \times 60} = 0.052 \text{ (m/s)}$$

② 在图 4-3(b) 中，液压缸为有杆腔进压力油，无杆腔回油压力为零，可推动的负载为

$$F_2 = \frac{\pi}{4}(D^2 - d^2)p_1 \eta_m = \frac{\pi}{4}(0.1^2 - 0.07^2) \times 2 \times 10^6 \times 0.97 = 7771 \text{ (N)}$$

液压缸向左运动，其运动速度为

$$v_2 = \frac{4q}{\pi(D^2 - d^2)}\eta_m = \frac{4 \times 25 \times 10^{-3} \times 0.98}{\pi(0.1^2 - 0.07^2) \times 60} = 0.102 \text{(m/s)}$$

③ 在图 4-4 中，液压缸差动连接，可推动的负载为

$$F_3 = \frac{\pi}{4}d^2 p_1 \eta_m = \frac{\pi}{4} \times 0.07^2 \times 2 \times 10^6 \times 0.97 = 7466 \text{ (N)}$$

液压缸向左运动，其运动速度为

$$v_3 = \frac{4q}{\pi d^2}\eta_V = \frac{4 \times 25 \times 10^{-3} \times 0.98}{\pi \times 0.07^2 \times 60} = 0.106 \text{ (m/s)}$$

将单杆活塞缸的三种进油连接做比较，可见 $F_1 > F_2 > F_3$，$v_1 < v_2 < v_3$，差动连接时速度最快，但推力最小。实际应用中，液压系统常通过控制阀来改变单杆缸的油路连接，使

其有不同的工作方式，从而获得快进（差动连接）—工进（无杆腔进油）— 快退（有杆腔进油）的工作循环。

2）柱塞式液压缸

图 4-5(a)所示为柱塞式液压缸的结构简图，主要由缸筒、柱塞、导套、密封圈和压盖等零件组成，柱塞和缸筒内壁不接触，因此缸筒内孔不需精加工。柱塞缸只能制成单作用缸，如图 4-5(b)所示，反向要靠外力（自重和弹簧力）。若要实现双向运动，可用两个柱塞缸的组合，如图 4-5(c)所示。

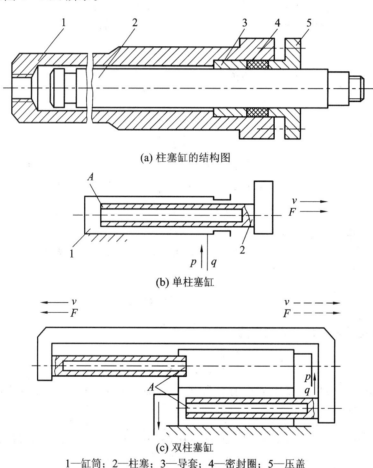

(a) 柱塞缸的结构图

(b) 单柱塞缸

(c) 双柱塞缸

1—缸筒；2—柱塞；3—导套；4—密封圈；5—压盖

图 4-5 柱塞式液压缸

柱塞缸的柱塞端面是受压面，为保证柱塞缸有足够的推力和稳定性，一般柱塞较粗，重量较大，水平安装时易产生单边磨损，故柱塞缸适宜于垂直安装使用。为减轻柱塞的重量，有时制成空心柱塞。柱塞缸特别适用于长行程机床，如龙门刨床、导轨磨床、大型拉床等大型程设备的液压系统中。

柱塞缸输出的推力和速度分别为

$$F = pA\eta_\mathrm{m} = p\,\frac{\pi}{4}d^2\eta_\mathrm{m} \tag{4-10}$$

$$v = \frac{q\eta_V}{A} = \frac{4q\eta_V}{\pi d^2} \quad\quad\quad (4-11)$$

式中：d——柱塞直径。

3）摆动式液压缸

当通入液油时，主轴能输出小于360°的摆动运动的缸称为摆动式液压缸。如图4-6所示，摆动式液压缸主要有单叶片式和双叶片式两种结构形式。单叶片式摆动缸的最大回转角度一般小于280°；双叶片式摆动缸的最大回转角度一般小于150°。摆动式液压缸常用于辅助装置，如送料和转位装置、液压机械手及间歇进给机构。

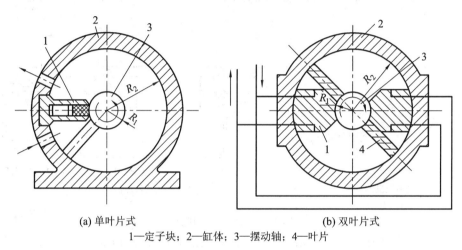

(a) 单叶片式   (b) 双叶片式

1—定子块；2—缸体；3—摆动轴；4—叶片

图4-6 摆动式液压缸

4）组合式液压缸

（1）增压缸。如图4-7所示，增压缸是活塞缸与柱塞缸组成的复合缸，但它不是能量转换装置，只是一个增压器件。在某些短时或局部需要高压的液压系统中，常用增压缸与低压大流量泵配合作用。

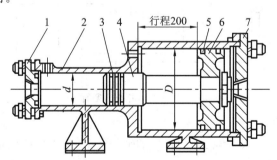

1—前盖；2—缸体；3—活塞环；4—小活塞；5—O型密封圈；6—大活塞；7—后盖

图4-7 增压缸结构图

设缸的入口压力为 p_1，出口压力为 p_2，若不计摩擦，根据力的平衡关系，可得 $p_1 A_1 = p_2 A_2$，由此推出，$p_2 = \frac{A_1}{A_2} p_1 = \frac{D_1^2}{D_2^2} p_1$，令 $k = \frac{D_1^2}{D_2^2}$，则有

$$p_2 = kp_1 \quad\quad\quad (4-12)$$

式中：k——增压比，代表了增压缸的增压能力大小。

（2）伸缩式液压缸。如图 4-8(a)所示，伸缩式液压缸由两上或多个活塞缸或柱塞缸套装而成，前一级缸的活塞杆是后一级缸的缸筒。伸出时，可以获得很长的工作行程，缩回时可保持很小的结构尺寸。这种液压缸启动时，活塞的有效面积最大，因此，输出推力也最大。随着行程逐级增长，推力随之逐级减小，速度则逐级增快。伸缩式液压缸适用于翻斗汽车、起重机的伸缩臂等。

图 4-7(b)所示为一种双作用式伸缩液压缸，除双作用式伸缩液压缸外，还有单作用式伸缩液压缸，它与双作用式伸缩液压缸的不同点是回程靠外力，而双作用式伸缩液压缸靠液压作用力。

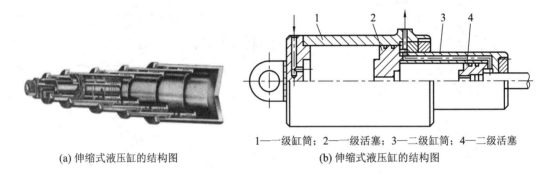

(a) 伸缩式液压缸的结构图　　　　1——一级缸筒；2——一级活塞；3——二级缸筒；4——二级活塞

(b) 伸缩式液压缸的结构图

图 4-8　伸缩式液压缸

（3）齿条活塞缸。如图 4-9 所示，齿条活塞缸是活塞缸与齿轮齿条机构组成的复合式缸。它将活塞的直线往复运动转变为齿轮的旋转运动，用于机床的进刀机构、回转工作台转位、液压机械手等。

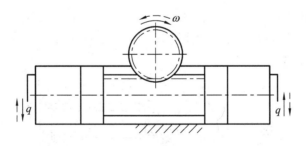

图 4-9　齿条活塞缸

3. 液压缸的结构

图 4-10 所示为单杆活塞式液压缸的结构。由图可见，缸体和前后两个缸盖是可分开的，这便于加工缸体的内孔。活塞、活塞杆和导套上都装有密封圈，因而液压缸被分隔为两个互不相通的油腔。当活塞腔通入高压油而活塞杆腔回油时，可实现工作行程。当从相反方向进油和排油时，实现回程。所以它是双作用液压缸。此外，在缸的两端还装有缓冲装置，当活塞高速运动时，能保证在行程终点上准确定位并防止冲击。当活塞退回左端时，活塞头的缓冲柱塞恰好插入头侧端盖 1 的孔内，活塞腔的油必须经过节流阀 13 才能排出，所以在活塞腔形成了回油阻力，使活塞得到缓冲。调整节流阀 13 的开口，可以得到合适的回油阻力。单向阀 14 可使活塞在左端终点位置上开始伸出时，油流不受节流阀的影

响。当活塞运动到右端终点位置时，活塞杆上的加粗部分插入杆侧端盖 8 的孔中，使油从节流阀中排出，缓冲原理与前面所述相同。11 是活塞杆的导向套，它对活塞杆起导向和支承作用，为了便于磨损后进行更换，设计为可拆卸结构。

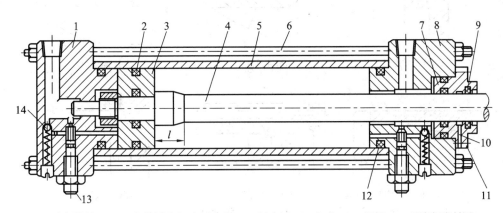

1—头侧端盖；2—活塞密封圈；3—活塞头；4—活塞杆；5—缸体；6—拉杆；7—活塞杆密封圈；
8—杆侧端盖；9—防尘圈；10—泄油口；11—导向套；12—固定密封圈；13—节流阀；14—单向阀

图 4-10　单杆活塞式液压缸结构图

液压缸的结构分为缸体组件（缸筒和缸盖）、活塞组件（活塞和活塞杆）、密封装置、缓冲装置和排气装置五个部分。

1）缸体组件

（1）缸体主要零件介绍。

① 缸筒是液压缸的主体，承受液体压力产生的载荷，内表面起密封和对活塞导向的作用。其内孔一般采用镗削铰孔、珩磨等精密加工工艺制造，要求表面粗糙度为 $0.1\sim0.4\ \mu m$。

② 活塞杆是液压缸输出动力和运动的主要零件，承受拉、压、弯曲、振动、冲击等力的作用，必须具有足够的强度、刚度、稳定性和耐疲劳强度。

③ 缸盖装在缸筒两端，与缸筒形成封闭油腔，同样承受很大的液压力，因此，缸盖及其连接件都应有足够的强度，连接性和密封性要好。

④ 导向套对活塞杆或柱塞起导向和支承作用，保证活塞往复运动不歪斜、不卡死。有些液压缸不设导向套，直接用端盖孔导向。

（2）缸筒和缸盖的连接形式。缸筒和缸盖的常见连接结构形式如图 4-11 所示。

图（a）采用法兰连接，结构简单，加工和装拆都方便，但外形尺寸和质量都大。图（b）为半环连接，加工和装拆方便，但是这种结构必须在缸筒外部开有环形槽，因而削弱了缸筒强度，因而有时要增加缸的壁厚。图（c）为外螺纹连接，图（d）为内螺纹连接。螺纹连接装拆时要使用专用工具，适用于较小的缸筒。图（e）为拉杆式连接，容易加工和装拆，但外形尺寸较大，且较重。图（f）为焊接式连接结构简单，尺寸小，但缸底处内径不易加工，且可能引起变形。

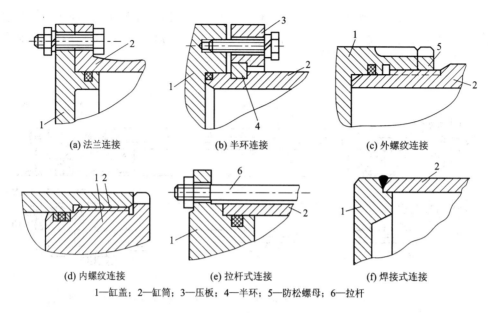

(a) 法兰连接　　　(b) 半环连接　　　(c) 外螺纹连接

(d) 内螺纹连接　　　(e) 拉杆式连接　　　(f) 焊接式连接

1—缸盖；2—缸筒；3—压板；4—半环；5—防松螺母；6—拉杆

图 4-11　缸筒和缸盖结构

2）活塞组件

活塞组件由活塞、密封件、活塞杆和连接件等组成。

活塞装置主要用来防止液压油的泄漏。对密封装置的基本要求是具有良好的密封性能，并随压力的增加能自动提高密封性。

活塞和活塞杆的结构形式很多，如图 4-12 所示。其中，图（a）为螺母连接，结构简单，但需有螺母防松装置。图（b）为半环连接，结构复杂，但工作较可靠。图（c）为双半环连接，在活塞杆 1 上开有两个环形槽，两组半环 4 分别由两个密封圈座 2 套住，为了安装活塞 3，做成两个半环。图（d）为锥销连接，锥销 1 把活塞 2 固定在活塞杆 3 上。这种连接结构简单，强度较差，适用于轻载的情况，常用于双杆活塞缸。

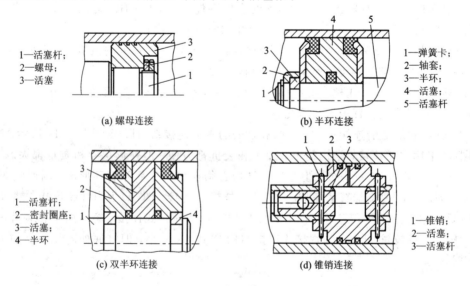

1—活塞杆；2—螺母；3—活塞

(a) 螺母连接

1—弹簧卡；2—轴套；3—半环；4—活塞；5—活塞杆

(b) 半环连接

1—活塞杆；2—密封圈座；3—活塞；4—半环

(c) 双半环连接

1—锥销；2—活塞；3—活塞杆

(d) 锥销连接

图 4-12　活塞和活塞杆的结构

3）密封装置

密封装置用来防止液压系统油液的内外泄漏和外界杂质的侵入。活塞和缸体的密封结构见表 4 - 2。

表 4 - 2　各种密封形式及应用场合

密封形式		密封结构图	应用场合
间隙密封		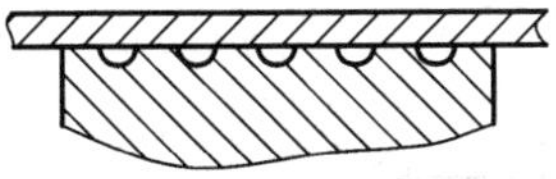	用于低压系统中的活塞密封
活塞环密封		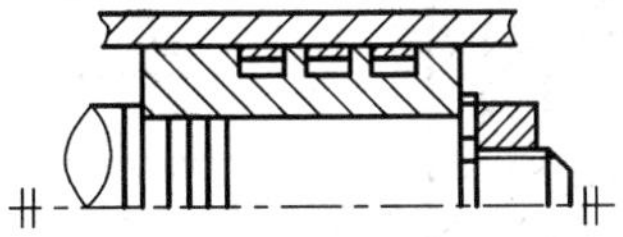	适用于温度变化范围较大、要求摩擦力小、寿命长的活塞密封
密封圈密封	O 型密封圈	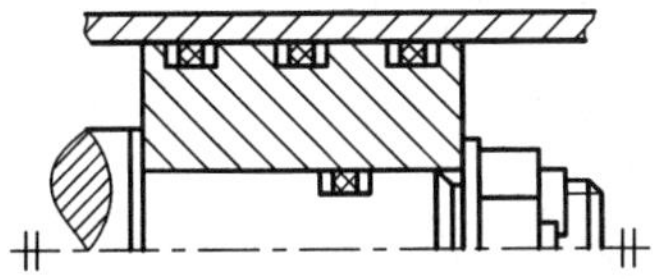	密封性能好，摩擦系数小，安装空间小
	Y 型密封圈	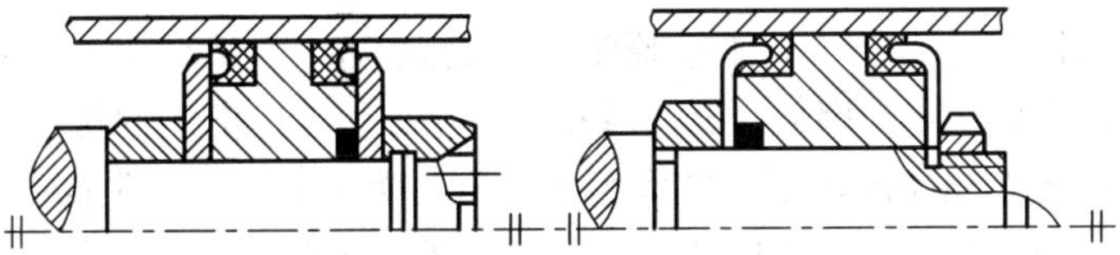	用于 20 MPa 压力以下、往复运动速度较高的活塞密封
	Yx 型密封圈	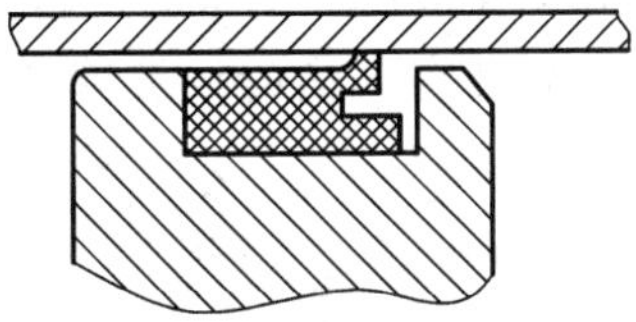	耐高压、耐磨性好，低温性能好，逐渐取代 Y 型密封圈
	V 型密封圈	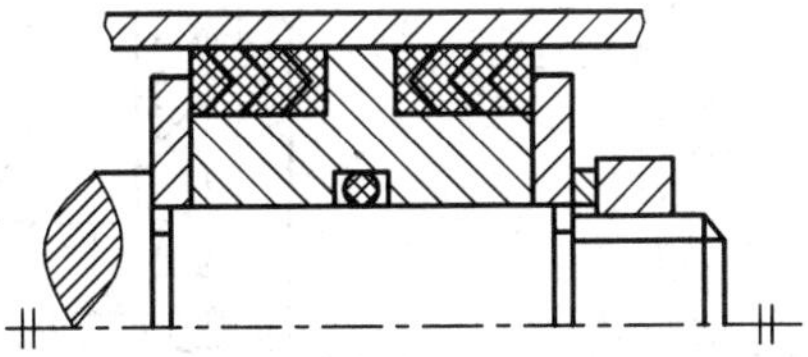	用于 50 MPa 压力以下，耐久性好，但摩擦阻尼大

4）缓冲装置

当液压缸带动质量较大的部件作快速往复运动时，由于运动部件具有很大的动能，因此当活塞运动到液压缸终端时，会与端盖碰撞，从而产生冲击和噪声。这种机械冲击不仅会引起液压缸有关部分的损坏，而且还会引起其他相关机械的损伤。

为了防止这种危害，保证安全，应采取缓冲措施，对液压缸运动速度进行控制。当活塞移动至终端，缓冲柱塞开始插入缸端的缓冲孔时，活塞与缸端之间形成封闭空间，该腔中受困压的剩余油液只能从节流小孔或缓冲柱塞与孔槽之间的节流环缝中挤出，从而造成背压迫使运动柱塞降速制动，实现缓冲。液压缸中常见的缓冲装置如图 4 - 13 所示。

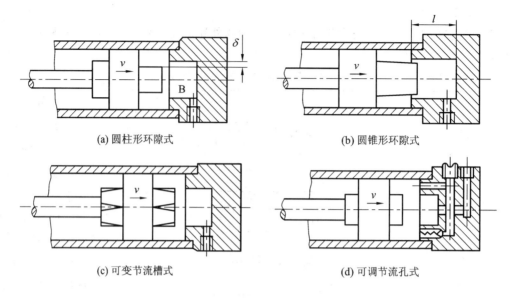

(a) 圆柱形环隙式　　　　　　　　　　(b) 圆锥形环隙式

(c) 可变节流槽式　　　　　　　　　　(d) 可调节流孔式

图 4 - 13　液压缸的缓冲装置

5）排气装置

液压传动系统往往会混入空气，使系统工作不稳定，产生振动、爬行或前冲等现象，严重时会使系统不能正常工作。因此，设计液压缸时，必须考虑空气的排除。

对于速度稳定性要求较高的液压缸或大型液压缸，常在液压缸的最高处设置专门的排气装置，如排气塞、排气阀等。如图 4 - 14(a) 所示，液压缸的最高部位设置排气孔与排气阀连接进行排气。如图 4 - 14(b) 所示，在液压缸的最高部位安装排气塞。当松开排气塞或阀的锁紧螺钉后，低压往复运动几次，带有气泡的油液就会排出，空气排完后拧紧螺钉，液压缸便可正常。

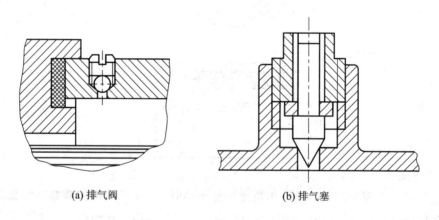

(a) 排气阀　　　　　　　　　　(b) 排气塞

图 4 - 14　排气装置

二、液压马达

液压马达是将液压能转换为机械能的装置，输出转矩和转速。液压马达与液压泵原理上有可逆性，但因用途不同，故结构上也有差别：马达要求正反转，其结构具有对称性；而泵为了保证其自吸性能，结构上采取了某些措施。

1. 液压马达的分类和职能符号

1) 液压马达的分类

按转速不同，液压马达分为高速和低速两类，额定转速高于 500 r/min 的属于高速液压马达，主要有齿轮马达、叶片马达和轴向柱塞马达；额定转速低于 500 r/min 的属于低速液压马达，主要有径向柱塞马达。按结构不同，液压马达分为齿轮式、叶片式、柱塞式等。按排量是否可变，液压马达分为定量马达和变量马达。

2) 液压马达的职能符号

液压马达的图形符号如表 4-3 所示。

表 4-3　液压马达的图形符号

名称	单向定量液压马达	双向定量液压马达	单向变量液压马达	双向变量液压马达
符号				

2. 液压马达的工作原理

常用的液压马达的结构与同类型的液压泵很相似，下面以叶片式和轴向柱塞式液压马达为例对其工作原理作简单介绍。

1) 叶片式液压马达

图 4-15 所示为叶片式液压马达的工作原理图。当压力为 p 的油液从进油口进入叶片 1 和 3 之间时，叶片 2 因两面均受液压油的作用而不产生转矩。叶片 1、3 上，一面作用有压力油，另一面为无压力油。由于叶片 3 伸出的面积大于叶片 1 伸出的面积，因此作用于

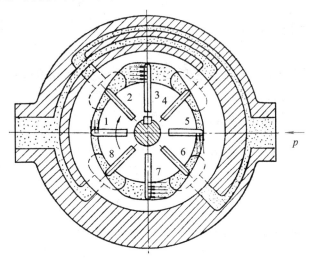

图 4-15　叶片式液压马达的工作原理图

叶片 3 上的总液压力大于作用于叶片 1 上的总液压力,于是压力差使转子产生顺时针的转矩。同理,压力油进入叶片 5 和 7 之间时,叶片 7 伸出的面积大于叶片 5 伸出的面积,也产生顺时针转矩。这样,就把油液的压力能转变成了机械能,这就是叶片马达的工作原理。当输油方向改变时,液压马达反转。

叶片马达的体积小,转动惯量小,因此动作灵敏,可适应的换向频率较高。但泄漏较大,不能在很低的转速下工作,因此,叶片马达一般用于转速高、转矩小和动作灵敏的场合。

2) 轴向柱塞式液压马达

图 4-16 所示为轴向柱塞式液压马达的工作原理。斜盘 1 和配油盘 4 固定不动,柱塞 3 可在缸体 2 的孔内移动,斜盘中心线与缸体中心线相交成一个倾角 δ。高压油经配油盘的窗口进入缸体的柱塞孔时,处在高压腔中的柱塞被顶出,压在斜盘上,斜盘对柱塞的反作用力 F 可分解为两个分力,轴向分力 F_x 和作用在柱塞上的液压力平衡,垂直分力 F_y 使缸体产生转矩,带动马达轴 5 转动。如果改变液压马达压力油的输入方向,液压马达就作反向旋转。如果改变倾角 δ 的大小,便可改变排量,从而成为变量马达。

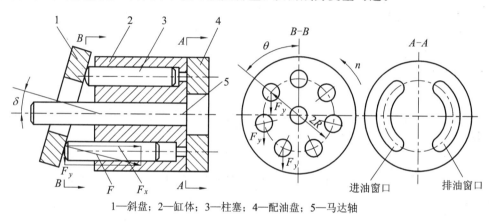

1—斜盘;2—缸体;3—柱塞;4—配油盘;5—马达轴

图 4-16 轴向柱塞式液压马达的工作原理

3. 液压马达的主要参数

1) 转速和容积效率

若液压马达的排量为 V,液压马达入口处的流量(又称实际流量)为 q,容积效率 η_V 为理论流量和实际流量之比,即

$$\eta_V = \frac{Vn}{q} \qquad (4-13)$$

进而得

$$n = \frac{\eta_V q}{V} \qquad (4-14)$$

2) 转矩和机械效率

由于液压马达内部不可避免地存在各种摩擦,实际输出的转矩 T_o 总要比理论转矩 T_t 小一些,即

$$\eta_m = \frac{T_o}{T_t} \qquad (4-15)$$

如果不计损失，则液压马达输入的液压功率应当全部转化为液压马达输出的机械功率，即二者相等。当液压马达进、出油口之间的压力差为 Δp 时，输入液压马达的流量为 q，液压马达输出的理论转矩为 T_t，则液压马达的理论输出功率 P_t 为

$$P_t = 2\pi n T_t = \Delta p q = \Delta p V n \tag{4-16}$$

所以液压马达的理论转矩为

$$T_t = \frac{\Delta p V}{2\pi} \tag{4-17}$$

将式(4-15)代入式(4-17)，得出液压马达的输出转矩为

$$T_o = \frac{\Delta p V}{2\pi} \eta_m \tag{4-18}$$

3) 总效率

液压马达的总效率为输入功率与输出功率之比，等于机械效率与容积效率的乘积，即

$$\eta = \frac{P_o}{P_i} = \eta_m \eta_V \tag{4-19}$$

【任务实施】

一、液压缸的拆装训练

1. 实训目的

通过拆装活塞式液压缸，掌握活塞式液压缸的结构组成，了解其加工和装配工艺，分析液压缸的工作原理，了解易产生故障的部件并分析其原因，掌握拆装液压缸的方法和拆装要点。

2. 液压缸的拆装

结合图 4-17 所示，液压缸的拆装顺序如下所述。

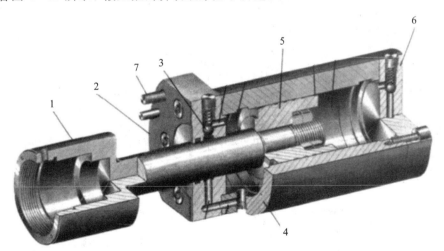

1—活塞杆；2—缸盖；3—单向阀；4—缸体；5—活塞；6—缸底；7—螺钉

图 4-17 液压缸的结构图

1）拆卸顺序

第一步，将液压缸两端的端盖与缸筒连接螺栓取下；

第二步，依次取下端盖、活塞组件、端盖与缸筒端面之间的密封圈、缸筒；

第三步，分解端盖、活塞组件等；

第四步，拆除连接件；

第五步，依次取下活塞、活塞杆及密封元件。

2）装配要领

（1）对待装零件进行合格性检查，特别是运动副的配合精度和表面状态。注意去除所有零件上的毛刺、飞边、污垢，清洗要彻底、干净。

（2）在缸筒内表面及密封圈上涂上润滑脂。

（3）将活塞组件按结构组装好，装入缸筒内，检查活塞在缸筒内的移动情况（应运动灵活，无阻滞和轻重不均匀现象）。

（4）将左、右端盖和缸筒组装好，拧紧端盖连接螺钉时，要依次对角地施力，且用力要均匀，要使活塞杆在全长运动范围内可灵活地运动。

二、液压缸常见故障及排除方法

液压缸的常见故障现象、产生原因及排除方法见表 4-4。

表 4-4　液压缸的常见故障现象、产生原因及排除方法

故障现象	产　生　原　因	排　除　方　法
爬行	（1）外界空气进入缸内； （2）密封圈压得太紧； （3）活塞与活塞杆不同轴； （4）活塞杆弯曲变形； （5）缸筒内壁拉毛，局部磨损严重或腐蚀； （6）安装位置有误差； （7）双活塞杆两端螺母拧得太紧； （8）导轨润滑不良	（1）开动系统，打开排气塞（阀）强迫排气； （2）调整密封圈，保证活塞杆能用手拉动且试车时无泄漏； （3）校正或更换，使同轴度小于 ϕ0.04 mm； （4）校正活塞杆，保证直线度小于 0.1/1000； （5）适当修理，严重者重磨缸孔，按要求重配活塞； （6）校正； （7）调整； （8）适当增加导轨润滑油量
推力不足，速度不够或逐渐下降	（1）缸与活塞配合间隙过大或 O 型密封圈破坏； （2）工作时经常用某一段，造成局部几何形状误差增大，产生泄漏； （3）缸端活塞杆密封圈压得过紧，摩擦力太大； （4）活塞杆弯曲，使运动阻力增加	（1）更换活塞或密封圈，调整到合适间隙； （2）镗磨修复缸孔内径，重配活塞； （3）放松、调整密封圈； （4）校正活塞杆
冲击	（1）活塞与缸筒间用间隙密封时，间隙过大，节流阀失去作用； （2）端部缓冲装置中的单向阀失灵，不起作用	（1）更换活塞，使间隙达到规定要求，检查缓冲节流阀； （2）修正、配研单向阀与阀座或更换
外泄漏	（1）密封圈损坏或装配不良使活塞杆处密封不严； （2）活塞杆表面损伤； （3）管接头密封不严； （4）缸盖处密封不良	（1）检查并更换或重装密封圈； （2）检查并修复活塞杆； （3）检查并修整； （4）检修密封圈及接触面

【知识检测】

1. 图 4-18 所示为两个结构相同、相互串联的液压缸，无杆腔的面积 $A_1 = 100\ \text{cm}^2$，有杆腔面积 $A_2 = 80\ \text{cm}^2$，缸 1 输入压力 $p_1 = 9 \times 10^5\ \text{Pa}$，输入流量 $q_1 = 12\ \text{L/min}$，不计损失和泄漏。

(1) 试求两缸承受相同负载（$F_1 = F_2$）时，该负载的数值及两缸的运动速度。

(2) 缸 2 的输入压力是缸 1 的一半（$p_2 = p_1/2$）时，两缸各能承受多少负载？

(3) 缸 1 不承受负载（$F_1 = 0$）时，缸 2 能承受多大的负载？

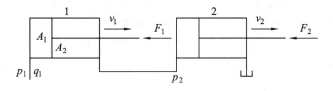

图 4-18

2. 如图 4-19 所示的液压系统，液压缸活塞的面积 $A_1 = A_2 = A_3 = 20\ \text{cm}^2$，所受的负载 $F_1 = 4000\ \text{N}$，$F_2 = 6000\ \text{N}$，$F_3 = 8000\ \text{N}$，$p_y = 50 \times 10^5\ \text{Pa}$，泵的流量为 q。

(1) 三个液压缸的动作顺序是怎样的？

(2) 液压泵的工作压力有何变化？

(3) 各液压缸的运动速度是多少？

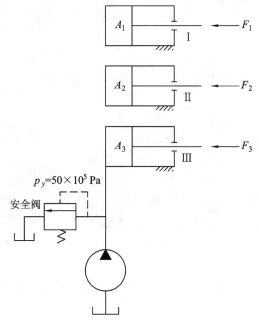

图 4-19

学习情境5 控制元件——各种液压阀的结构和工作原理

液压阀是液压系统中的控制元件，用来控制和调节液压系统中液体流动的方向、压力的高低和流量的大小，以满足执行元件的工作要求。因此，液压阀性能的好坏对液压系统的工作性能起着重要的保证作用。

图5-1所示的各种液压阀都是由阀体、阀芯和驱动阀芯动作的元件组成的。阀体上除与阀芯相配合的阀体孔或阀座孔外，还有外接油管的进出油口；阀芯的主要形式有滑阀、锥阀和球阀；驱动装置可以是手调机构，也可以是弹簧、电磁或液动力。液压阀正是利用阀芯在阀体内的相对运动来控制阀口的通断及开口大小，从而实现压力、流量和方向控制的。

液压传动系统对液压控制阀的基本要求如下：

（1）动作灵敏，使用可靠，工作时冲击和振动小；

（2）油液流过液压阀时的压力损失小；

（3）密封性能好，内泄漏少，无外泄漏；

（4）结构紧凑，安装、调整、使用、维护方便，通用性大。

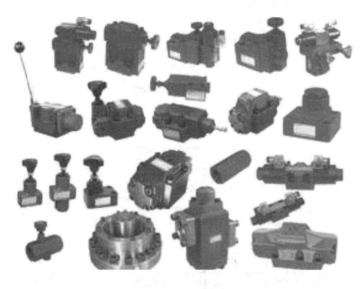

图5-1 各种液压阀

学习情境5.1 认识方向控制阀

【任务描述】

图5-2所示为方向控制阀。通过拆装方向控制阀，查看元件的铭牌信息，分析方向控制阀具有什么样的结构，如何控制液体的流动方向，会遇到什么的故障，原因是什么，怎

样排除。

图 5-2　换向阀

【任务分析】

方向控制阀用来控制液压系统中油液的流动方向。方向控制阀可分为单向阀和换向阀两类。要想分析方向控制阀在液压系统中的作用，首先要了解方向控制阀的类型、结构，熟悉其职能符号的含义，掌握其工作原理。

【任务目标】

(1) 掌握方向控制阀的工作原理；

(2) 熟悉方向控制阀职能符号的含义及结构形式；

(3) 熟悉控制阀在液压系统中的应用；

(4) 掌握三位换向阀的中位机能及应用；

(5) 了解方向控制阀的常见故障及处理方法。

【相关知识】

一、单向阀

单向阀主要用于控制油液的单向流动。它分为普通单向阀和液控单向阀两种。

1. 普通单向阀

普通单向阀简称单向阀，其作用是只允许油液沿一个方向流动，不允许反向倒流，因此，又叫作止逆阀。单向阀的结构及职能符号如图 5-3 所示。其结构由阀体 1、阀芯 2、弹簧 3 和挡圈 4.5 组成。阀芯结构有锥阀芯和球阀芯两种，锥阀芯密封性能好，反向泄漏小。

普通单向阀的工作原理为：当压力油从 P_1 口流入时，克服弹簧 3 作用在阀芯 2 上的力，使阀芯 2 向左移动，打开阀口，油液从 P_1 口流向 P_2 口。当压力油从 P_2 口流入时，液压力和弹簧力将阀芯压紧在阀座上，使阀口关闭，液流不能通过。

单向阀的弹簧主要用来克服阀芯的摩擦阻力和惯性力，使阀芯可靠复位。为了减小压力损失，弹簧刚度较小，一般单向阀的开启压力为 0.03～0.05 MPa。在当背压阀使用时，需要更换刚度较大的弹簧，使阀的开启压力达到 0.2～0.6 MPa。

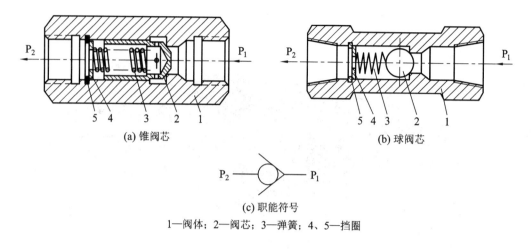

(a) 锥阀芯

(b) 球阀芯

(c) 职能符号

1—阀体；2—阀芯；3—弹簧；4、5—挡圈

图 5-3　单向阀及职能符号

2. 液控单向阀

图 5-4 所示是液控单向阀的结构。当控制口 K 不通压力油时，此阀的作用与单向阀相同，压力油只能从通口 P_1 流向通口 P_2，不能反向倒流；但当控制口 K 通压力油时，阀就保持开启状态，液流双向都能自由通过。图 5-4(a) 中右半部分与一般单向阀相同，左半部分有一控制活塞 1，控制油口 K 通以一定压力的压力油时，推动活塞 1 并通过顶杆 2 使阀芯 3 抬起，阀就保持开启状态。图 (b) 所示是液控单向阀的职能符号。

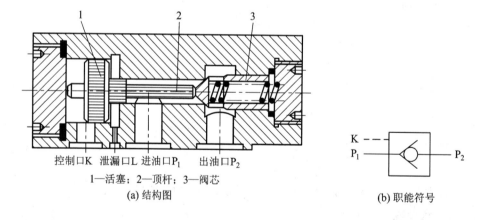

控制口K　泄漏口L　进油口P_1　出油口P_2

1—活塞；2—顶杆；3—阀芯

(a) 结构图

(b) 职能符号

图 5-4　液控单向阀

3. 液控单向阀的应用

在工程实际中，由于液控单向阀具有良好的单向密封性，因此常常采用液控单向阀进行执行机构的进、回油路同时锁紧控制，用于防止立式液压缸停止运动时因自重而下滑，保证系统的安全，如工程车的支腿油路系统。如图 5-5 所示，当换向阀处于右位时，压力油经阀Ⅰ进入液压缸左腔，同时压力油也进入单向阀Ⅱ的控制口 K_2，打开阀Ⅱ，使活塞右移，液压缸右腔的压力油经阀Ⅱ和换向阀流回油箱；反之活塞左移。当换向阀处于中位时，因阀的中位为 H 型，所以阀Ⅰ和阀Ⅱ能立即关闭，活塞停止运行并双向锁紧。

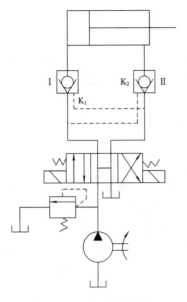

图 5-5　液压锁紧回路

二、换向阀

换向阀利用阀芯相对于阀体的相对运动，使油路接通、断开或变换液压油的流动方向，从而使液压执行元件启动、停止或改变运动方向。

1. 换向阀的动作原理

图 5-6 所示为一种三位四通换向阀的换向原理及相应的图形符号。通过扳动手柄，阀芯沿轴向移动时，可处于左、中、右三个位置，而每个位置均由四个相同的油口通到阀体外，与管道相连。其中 P 为进油口，与供油路（液压泵）相通；T 为回油口，与回油路（油箱）相通；A、B 为工作油口，分别与液压缸两腔相通。当阀芯处在阀体中间位置时称为"中位"，如图（b）所示，四个油口彼此隔开，互不相通，液压缸此时无液压油进出缸的两腔，所以液压缸保持停止状态；当手柄左扳，阀芯从中位右移至右端位置时，阀左位工作，称为"左位"，如图（a）所示，P 和 A 相通，而 B 和 T 相通；当手柄右扳，阀芯从中位左移至左端位置时，阀右位工作，称为"右位"，如图（c）所示，P 和 B 相通，而 A 和 T 相通。

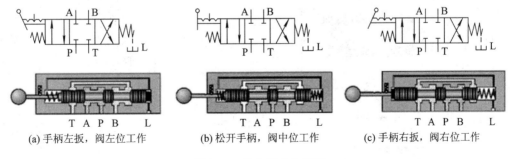

(a) 手柄左扳，阀左位工作　　　(b) 松开手柄，阀中位工作　　　(c) 手柄右扳，阀右位工作

图 5-6　换向阀动作原理

2. 换向阀的分类

换向阀可按阀芯结构、阀芯工作位置、通路数、操纵方式分类，具体见表 5-1。

表 5 - 1　换向阀的分类

分类方法	类　　型
按阀芯结构分类	滑阀式、转阀式、锥阀式
按阀芯工作位置分类	二位、三位、四位等
按通路数分类	二通、三通、四通、五通等
按操纵方式分类	手动、机动、液动、电磁动、电液动

3. 换向阀的职能符号

1)"位"、"通"的职能符号

位即工作位置，是指阀芯相对于阀体的工作位置的数目。在图形符号中的方框数表示换向阀的位数，有几个方框就是几位阀。

通指与系统主油路相连通的阀体上油口的数目。在一个方框内，箭头"↑"或堵塞符号"┬"或"⊥"与方框相交的点数就是通路数，有几个交点就是几通阀，箭头"↑"表示阀芯处在这一位置时两油口相通，但不一定是油液的实际流向，"┬"或"⊥"表示此油口被阀芯封闭(堵塞)不通流。

常用的换向阀种类有：二位二通、二位三通、二位四通、二位五通、三位三通、三位四通、三位五通等。具体情况见表5-2。

表 5 - 2　换向阀的结构原理、图形符号及使用场合

名　　称	结构原理图	图形符号	使用场合	
二位二通	A　B		控制油路的接通与切断(相当于一个开关)	
二位三通	A　P　B		控制液流方向(从一个方向变换成另一个方向)	
二位四通	B P A O		不能使执行元件在任一位置处停止运动	执行元件正反向运动时回油方式相同
二位五通	O₁ A P B O₂		不能使执行元件在任一位置处停止运动	
三位四通	A P B O		能使执行元件在任一位置处停止运动	执行元件正反向运动时回油方式不同
三位五通	O₁ A P B O₂		能使执行元件在任一位置处停止运动	

说明：（1）三位阀中间的方框、两位阀画有复位弹簧的方框为常态位置（即未施加控制以前的原始位置）。在液压系统原理图中，换向阀的图形符号与油路的连接一般应画在常态位置上，工作位置应按"左位"画在常态位的左面，"右位"画在常态位右面的规定，同时在常态位上应标出油口的代号。

（2）控制方式和复位弹簧的符号画在方框的两侧。

（3）一般阀与系统供油路连接的进油口用 P 表示，阀与系统回油路连接的回油孔用 T 表示，而阀与执行元件连接的工作口用 A、B 表示。

2）操纵形式的职能符号

换向阀不同操纵方法的职能符号见表 5-3。

表 5-3　换向阀的操纵方法、职能符号及符号说明

操纵方法	图形符号	符号说明
手动控制		三位四通手动换向阀，左端表示手动把手，右端表示复位弹簧
机动控制		二位二通机动换向阀，左端表示可伸缩压杆，右端表示复位弹簧
电磁控制		三位四通电磁换向阀，左、右两端都有驱动阀心动作的电磁铁和对中位弹簧
液压控制		三位四通液动换向阀，K_1、K_2 为控制阀心动作的液压油进、出口，当 K_1、K_2 无压时，靠左、右复位弹簧复中位
电液控制		Ⅰ 为三位四通先导阀，双电磁铁驱动弹簧对中位，Ⅱ 为三位四通主阀，由液压驱动。X 为控制压力油口，Y 为控制回油口

4. 常见典型换向阀的结构

1）手动换向阀

（1）滑阀式手动换向阀。图 5-7 所示为弹簧自动复位式三位四通手动换向阀的结构及职能符号。手动换向阀利用手动杠杆等机构来改变阀芯和阀体的相对位置，从而实现阀的换向。放开手柄 1，阀芯 3 在弹簧 4 的作用下自动回到中位。阀芯定位靠钢球、弹簧，可保持确定的位置。该阀适用于动作频繁、工作持续时间短的场合，操作比较安全，常用于工程机械的液压传动系统中。

（2）转动式手动换向阀。图 5-8 所示为三位四通转动式换向阀（简称转阀）的结构及职能符号。该阀由阀体 1、阀芯 2 和使阀芯转动的操纵手柄 3 组成。在图示位置，通口 P 和 A

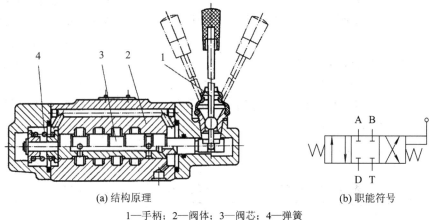

(a) 结构原理　　　　　　　　(b) 职能符号

1—手柄；2—阀体；3—阀芯；4—弹簧

图 5-7　手动换向阀

相通、B 和 T 相通。当操作手柄转到"止"位置时，通口 P、A、B 和 T 均不相同。当操作手柄转换到另一位置时，通口 P 和 B 相通，A 和 T 相通。

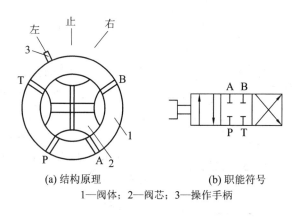

(a) 结构原理　　　　　　　　(b) 职能符号

1—阀体；2—阀芯；3—操作手柄

图 5-8　转阀

2）机动换向阀

机动换向阀又称为行程换向阀，它利用行程挡铁或凸轮推动阀芯移动来实现油路换向。如图 5-9 所示，处于常态位置时，P 与 A 相通，B 封闭；当行程挡铁 5 压下机动阀滚轮 4 时，阀芯下移，使 P 与 B 相通，A 封闭。图中阀芯上的轴向孔是泄漏孔，应接油箱（图形符号使用时画出），以保证阀芯复位。

3）电磁换向阀

电磁换向阀是利用电磁铁通电吸合后产生的吸力推动阀芯移动实现液流的通、断或改变液流方向的阀。

电磁换向阀的电磁铁按所使用电源不同可分为交流型和直流型；按衔铁工作腔是否有油液又可分为"干式"和"湿式"电磁铁。交流电磁铁使用电压为交流 110、220、380 V。其特点是启动力较大，不需要专门的电源，吸合、释放快，动作时间约为 0.01～0.03 s；缺点是电源电压下降 15% 以上，电磁铁吸力明显减小，若衔铁不动作，干式电磁铁会在 10～15 min（湿式 1～1.5 h）后烧坏线圈，且冲击及噪声较大，寿命低，允许切换频率为 10 次/分。

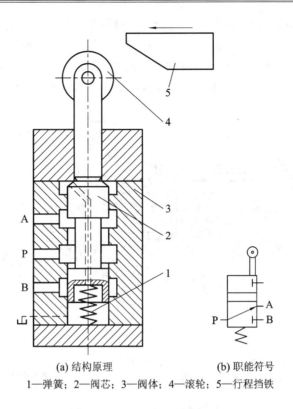

(a) 结构原理　　　　　　(b) 职能符号

1—弹簧；2—阀芯；3—阀体；4—滚轮；5—行程挡铁

图 5-9　二位三通机动换向阀

直流电磁铁使用电压为直流 110 V 和 24 V，工作可靠，吸合、释放时间约为 $0.05\sim0.08$ s，切换频率一般为 120 次/分，冲击小、体积小、寿命长，但需要专门的直流电源，成本较高。

　　(1) 二位二通电磁换向阀如图 5-10 所示。它由阀芯 4、弹簧 3、阀体 5、推杆 6 和电磁铁等组成。常态时电磁铁不通电，P 与 A 相通（常开型）。电磁铁通电时，电磁铁推动推杆 6 克服弹簧 3 的预紧力，推动阀芯 4 换至左位，P 与 A 不通。

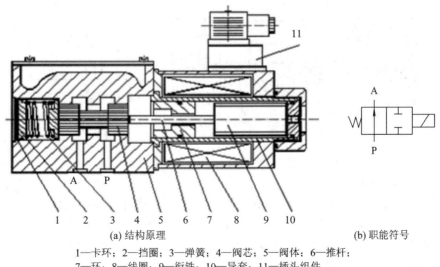

(a) 结构原理　　　　　　　　(b) 职能符号

1—卡环；2—挡圈；3—弹簧；4—阀芯；5—阀体；6—推杆；
7—环；8—线圈；9—衔铁；10—导套；11—插头组件

图 5-10　二位二通电磁换向阀

（2）三位四通电磁换向阀如图 5-11 所示。阀芯 2 两端有两根对中弹簧 4 和两个定位套 3，使阀芯 2 处在常态中位，此时 P、A、B、T 全部封闭，故滑阀机能为 O 型。仅当右端电磁铁通电吸合时，衔铁 9 经推杆 6 将阀芯推至左端，P 与 A 通，B 与 T 通；仅当左端电磁铁通电吸合时，阀芯被推至右端，P 与 B 通，A 与 T 通，实现油路换向。

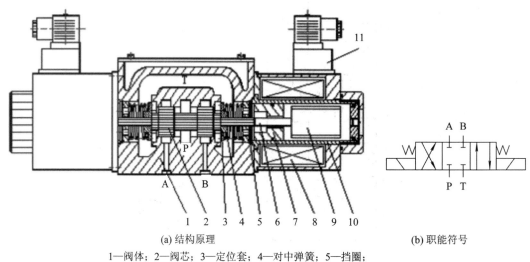

(a) 结构原理   (b) 职能符号

1—阀体；2—阀芯；3—定位套；4—对中弹簧；5—挡圈；
6—推杆；7—环；8—线圈；9—衔铁；10—导套；11—插头组件

图 5-11 三位四通电磁换向阀

4）液动换向阀

液动换向阀利用控制油路的压力油来推动阀芯实现换向，因此，它适用于较大流量的阀。图 5-12 是三位四通液动换向阀的结构原理图。当控制油口 K_1、K_2 不通压力油时，阀芯在对中弹簧的作用下处于中位。当 K_1 通压力油、K_2 回油时，阀芯右移，P 与 A 通、B 与 T 通；当 K_2 通压力油、K_1 回油时，阀芯左移（如图中所示）。

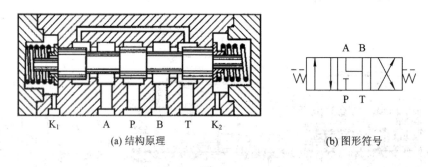

(a) 结构原理   (b) 图形符号

图 5-12 三位四通液动换向阀

5）电液动换向阀

电液动换向阀由电磁换向阀和液动换向阀组合而成。其中液动换向阀实现主油路的换向，称为主阀；电磁换向阀用于改变液动换向阀控制油路的方向，推动液动换向阀阀芯移动，称为先导阀。电液换向阀既能实现换向缓冲，又能用较小的电磁铁控制大流量的液流，故在大流量的液压系统中宜采用电液动换向阀换向。

使用电液换向阀应注意以下几点：

（1）液动换向阀为弹簧对中，如图 5 - 13 所示，电磁换向阀必须采用 Y 型滑阀机能，以保证主阀芯两端油室通回油箱，否则主阀芯无法回到中位。

（2）为防止先导阀工作时受到回油压力的干扰，先导阀回油一般直接引回油箱（外泄），只有先导阀直接回油箱，才可将控制回油经阀内通道引到先导阀回油口流回油箱（内泄）。

（3）控制压力油可以直接取自主油路 P 口（内控），或单独引入（外控）。内控时，主阀 P 口安装预控压力阀；外控时，独立油源流量不小于主阀最大流量的 15％，以保证换向时间。

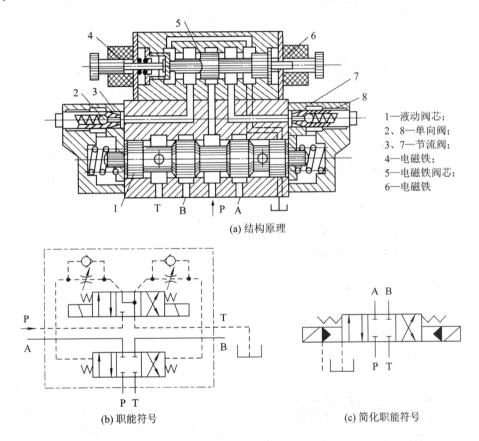

1—液动阀芯；
2、8—单向阀；
3、7—节流阀；
4—电磁铁；
5—电磁铁阀芯；
6—电磁铁

(a) 结构原理

(b) 职能符号　　　　　　　　　(c) 简化职能符号

图 5 - 13　弹簧对中电液换向阀

5．换向阀的中位机能

对于各种操纵方式的三位四通或五通换向阀滑阀，阀芯在中间位置时，为适应各种不同的工作要求，各油口间的通路有各种不同的连接形式。这种常态位置时的内部通路形式称为中位滑阀机能。

表 5 - 4 为常见的三位四通、五通换向阀的滑阀机能（五通阀有两个回油口，四通阀在阀体内连通，所以只有一个回油口）。

表 5－4 三位换向阀的中位机能

滑阀机能	中位时的滑阀状态	中位符号	性能特点
O	T(T₁) A P B T(T₂)	A B / P T	各油口全部关闭，系统保持压力，执行元件各油口封闭
H	T(T₁) A P B T(T₂)	A B / P T	各油口 P、T、A、B 全部连通，泵卸荷
Y	T(T₁) A P B T(T₂)	A B / P T	系统不卸荷，执行元件两腔与回油连通
J	T(T₁) A P B T(T₂)	A B / P T	P 口保持压力，缸 A 口封闭，B 口与回油口 T 连通
C	T(T₁) A P B T(T₂)	A B / P T	P 口与 A 口相通，B 口与回油口 T 不通
P	T(T₁) A P B T(T₂)	A B / P T	P 口与 A、B 口都连通，回油口 T 封闭
M	T(T₁) A P B T(T₂)	A B / P T	P、T 相通，A 与 B 均被封闭。活塞闭锁不动，泵卸荷，也可用多个 M 换向阀并联工作

在分析和选择三位换向阀的中位机能时，通常考虑以下几点：

(1) 液压泵的工作状态。当液压泵的油口 P 被堵（如 O 型）时系统保压，液压泵可用于多缸液压系统；当 P 和 T 相通（如 H 型、M 型）时，液压泵处于卸荷状态，功率损失少。

(2) 液压缸的工作状态。当油口 A 和 B 接通（如 H 型）时液压缸处于"浮动"状态，可以通过某些机械装置（如齿轮齿条结构）改变工作台位置；立式液压缸由于自重而不能停止在任意位置上。当油口 A、B 堵塞（如 M、O 型）时，液压缸能可靠停留在任意位置上，但不能通过机械装置改变执行机构的位置。当油口 A、B 与 P 连接（如 P 型）时，单杆液压缸和立式液压缸不能在任意位置停留，双杆液压缸可以通过机械装置改变执行机构的位置。

（3）换向平稳性与精度。当液压缸的油口 A、B 堵塞（如 O 型）时，换向过程出现液压冲击，换向平稳性差，但换向精度高；反之，油口 A、B 都通油口 T（如 H 型）时，换向过程中工作部件不易迅速制动，换向精度低，但液压冲击小，换向平稳性好。

（4）启动平稳性。当阀芯处于中位时，液压缸的某腔若与油箱相通（如 H 型），则启动时该腔内因无足够的油液起缓冲作用而不能保证平稳启动；反之，液压缸的某腔不通油箱而充满油液（如 O 型）时，再次启动就较平稳。

【任务实施】

一、方向阀的拆装训练

方向阀的品种和规格在阀类里是比较多的，下面仅以电磁换向阀为例说明拆装过程及注意事项。

1. 实训目的

熟悉换向阀的操纵方式、结构形式和使用注意事项；掌握换向阀的换向原理、滑阀机能，并能正确地拆装常用方向阀。

2. 拆装

三位四通电磁换向阀的拆装见图 5 - 14。此阀采用了对称结构，主要零件包括两个电磁铁、两个推杆、两个对中弹簧、阀芯、阀体等。

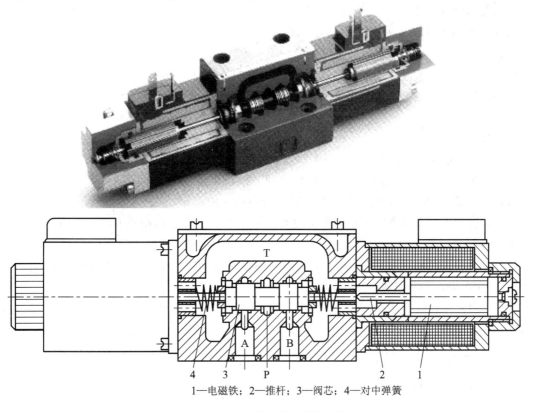

1—电磁铁；2—推杆；3—阀芯；4—对中弹簧

图 5 - 14　三位四通电磁换向阀

1）拆卸顺序

拆卸前，擦净阀表面的污物，观察阀的外形，分析各油口的作用。然后按如下顺序拆卸：

第一步，取下面板，松开阀体上电磁铁的电源线接头；

第二步，拧下左、右电磁铁的螺钉，从阀体两端取下电磁铁；

第三步，用卡簧钳取出两端卡簧；

第四步，取出端盖、弹簧、弹簧座及推杆，然后将阀芯推出阀体（把阀芯放在清洁软布上，以免碰伤外表面）；

第五步，用光滑的挑针把密封圈从端盖的槽内撬出，检查弹性和其尺寸精度。若有磨损和老化，应及时更换。

在拆卸过程中，注意观察主要零件的结构、相互配合关系、密封部位、阀芯与推杆和电磁铁之间的连接关系，并结合结构图和阀表面铭牌上的职能符号，分析换向阀的换向原理和使用注意事项。

2）主要零件的结构及作用

（1）阀体：其外表开有四个通油口。阀体内孔有沟槽和一个纵向小孔（图中已表示出）。纵向孔的作用就是将阀芯两端的油腔的油集中到共同的出油口。

（2）阀芯：其上有两个台阶，台阶的外圆与阀体内孔配合。

（3）电磁铁：当电磁铁通电时，通过推杆推动阀芯移动，油路实现换向。

（4）弹簧：当左、右电磁铁都不通电时，阀两端的弹簧自动将阀芯置于中位。

3）装配要领

按拆卸的相反顺序装配，并注意下列事项：

（1）阀芯装入阀体后，用手推拉几次阀芯，阀芯应运动灵活。

（2）把推杆装入阀芯的槽口内，再装入弹簧座弹簧、端盖及卡簧等。注意不要漏装。

（3）把两端电磁铁电源线从专用孔穿至阀体前端，然后用螺钉将电磁铁与阀体连接牢固。

4）结构提示

（1）电磁滑阀有三个阀位（左、中、右），四个通油口（P、A、B、T）。

（2）阀体上有五个沉割槽，中间的为P，P的相邻两侧为A和B，最外两端为T。最外两端的T借助通道连通，因此五个沉槽实际对应四个油口。

（3）当电磁铁不通电时，两端弹簧使阀芯处于中间位置。四个油口P、A、B、T互不相通。

（4）当右边电磁铁通电时，电磁铁的铁芯向左边运动，通过推杆2将阀芯3推向左端，于是P和A通，B和T通。

（5）当左边电磁铁通电时，电磁铁的铁芯向右边运动，于是P和B通，A和T通，实行油路换向。

二、换向阀常见的故障及排除方法

换向阀常见的故障现象、产生原因及排除方法见表5-5。

表 5 - 5　换向阀的常见故障及排除方法

故障现象	产　生　原　因	排　除　方　法
阀芯不动或 不到位	1. 滑阀卡死： （1）滑阀与阀体配合间隙过小，阀芯在阀孔中卡死不能动作或动作不灵； （2）阀芯几何形状超差，阀芯与阀孔装配不同轴； （3）油液被污染； （4）阀体因安装螺钉拧紧力过大使阀芯卡住不动	1. 检查滑阀： （1）检查间隙，研修或更换阀芯； （2）修正形状误差； （3）换油； （4）检查，使拧紧力适当
	2. 电磁铁故障： （1）因滑阀卡住电磁铁的铁芯，铁芯吸不到底面而烧毁； （2）泄漏； （3）电源电压太低造成吸力不足，推不动阀芯； （4）弹簧折断、太软，不能使弹簧复位； （5）推杆磨损后长度不足，使阀芯移动过小，引起换向不灵	2. 检查电磁铁： （1）清除滑阀卡住故障，更换电磁铁； （2）检查漏油原因； （3）提高电源电压； （4）更换弹簧； （5）检查修复推杆
	3. 液动换向阀控制油路故障： （1）控制油压力不足，弹簧过硬，使滑阀不动； （2）液动滑阀的两端泄油口没接油箱或泄油管堵塞	3. 检查控制油路： （1）提高控制压力，更换弹簧； （2）将泄油管接油箱，清洗回油路
电磁铁动作 噪声大	（1）滑阀卡住或摩擦过大； （2）电磁铁不能压到底； （3）电磁铁接触面不平； （4）电磁铁磁力过大	（1）研修滑阀； （2）校正电磁铁高度； （3）修整电磁铁； （4）选择适当的电磁铁

【知识检测】

1. 方向控制阀的作用是什么？有哪些类型？
2. 单向阀和液控单向阀的区别是什么？
3. 选择三位换向阀的中位机能时应考虑哪些问题？
4. 分析阀芯卡住的原因是什么？卡住后会产生何种后果？
5. 泄漏油口被堵将产生什么后果？

学习情境 5.2　认识压力控制阀

【任务描述】

如图 5 - 15 所示，通过拆装压力控制阀，查看元件的铭牌信息，分析压力控制阀具有什么样的结构，如何控制液压系统的工作压力，会遇到什么的故障，原因是什么，怎样排除。

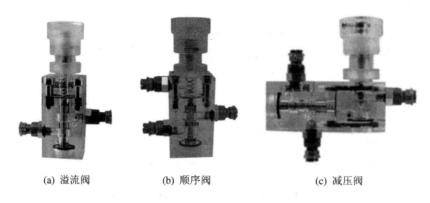

|(a) 溢流阀|(b) 顺序阀|(c) 减压阀|

图 5 - 15 　压力控制阀

【任务分析】

压力控制阀按功用可分为溢流阀、减压阀、顺序阀和压力继电器等。要想将这几类压力控制阀区分开来，必须对压力控制阀结构有一个明确认识，才能深刻理解其工作原理，熟悉它们在液压系统中的应用，了解压力控制阀可能产生的故障及排除方法。

【任务目标】

(1) 掌握压力控制阀的工作原理；

(2) 熟悉压力控制阀的符号含义及结构形式；

(3) 熟悉压力控制阀在液压系统中的应用；

(4) 了解方向控制阀的常见故障及处理方法。

【相关知识】

在液压系统中，用来控制油液压力或利用油液压力变化作为信号来控制其他元件动作的阀统称为压力控制阀。这类阀是利用液压力和弹簧力相平衡的原理进行工作的。压力控制阀主要有溢流阀、减压阀、顺序阀和压力继电器等。

一、溢流阀

溢流阀用来控制液压系统压力基本恒定，确切地说，是在开启工作时控制阀进口压力恒定，实现定压溢流或安全保护等作用。常用的溢流阀有直动式和先导式两种。

1. 直动式溢流阀

图 5 - 16 所示为直动式溢流阀的结构和职能符号。阀芯在弹簧的作用下压在阀座上，阀体上开有进、出油口 P 和 T，压力油从进油口 P 进入，经过径向孔 f 和轴向阻尼孔 e 后，作用在阀芯底部。当液压力小于弹簧力时，阀芯压在阀座上不动，阀口关闭；当液压力超过弹簧作用力时，阀芯上移离开阀座，阀口打开，阀芯在新的位置上平衡，油液便可从出油口 T 流回油箱，阀芯的平衡保证了阀进口压力基本恒定。调节弹簧的预压缩量，便可调

节溢流阀的进口压力。

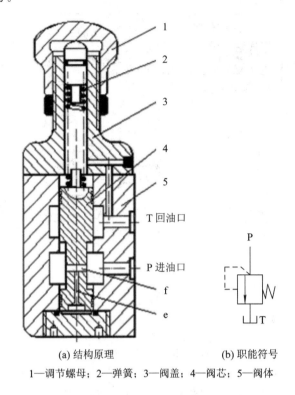

(a) 结构原理　　　　　(b) 职能符号

1—调节螺母；2—弹簧；3—阀盖；4—阀芯；5—阀体

图 5 - 16　直动式溢流阀

　　直动式溢流阀的结构简单，灵敏度高，但压力波动受溢流量的影响较大，不适于在高压、大流量下工作。因为当溢流量变化引起阀口开度变化时，弹簧力变化较大，溢流阀进口压力也随之发生较大变化，故直动式溢流阀调压的稳定性差。

2. 先导式溢流阀

　　图 5 - 17 所示为先导式溢流阀的结构和职能符号。它由先导阀和主阀两部分组成。液压力同时作用于主阀芯及先导阀芯上。当先导阀芯未打开时，阀腔中油液没有流动，作用在主阀芯上下两个方向的液压力平衡，主阀芯在弹簧的作用下处于最下端位置，阀口关闭。当进油压力增大到使先导阀芯打开时，极少量的油液流过主阀芯上的阻尼孔 e、经过孔 c 和 d 后，打开先导阀芯流回油箱。由于阻尼孔的阻尼作用，主阀芯所受到的上下两个方向的液压力不相等，主阀芯在压差的作用下上移，打开阀口，实现溢流，使阀芯处于平衡，并保证了阀进口压力基本恒定。调节先导阀的调压弹簧，便可调节溢流阀的进口压力。

　　主阀体上有一个远程控制口 K，当 K 口通过二位二通阀接油箱时，主阀芯在很小的液压力作用下便可上移，打开阀口，实现完全溢流，这时系统压力接近于零，称为卸荷。若 K 口接另一个远程调压阀（必须小于溢流阀的调定压力），便可对系统压力实现远程控制。

　　先导式溢流阀的先导阀部分结构尺寸较小，调压弹簧不必很硬，因此压力调整轻便，主阀芯弹簧较软，主要克服阀芯运动的摩擦力等，因此，先导式溢流阀调压稳定且适用于中高压系统。但是先导式溢流阀需要先导阀和主阀都动作后才能起控制作用，因此反应不如直动式溢流阀灵敏。

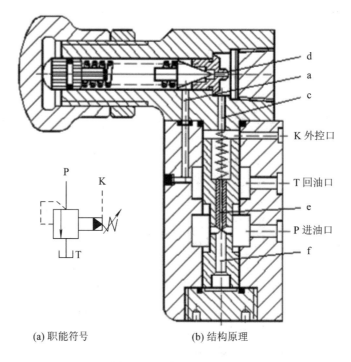

(a) 职能符号　　　　　　　(b) 结构原理

图 5-17　先导式溢流阀

　　溢流阀的图形符号说明：用方框表示阀体，用带箭头的直线表示阀芯，阀芯在弹簧力的作用下偏离阀体使阀口常闭，控制油来自阀的进油口，维持阀进口压力恒定，出口接油箱，采取内泄漏。该阀为带外控可卸荷的弹簧可调先导式。

3. 溢流阀的应用

1）调压溢流

　　在定量泵的液压系统中，溢流阀起溢流稳压的作用。如图 5-18(a)所示，溢流阀并联于回路中，进入液压缸的流量由节流阀调节。由于定量泵的流量大于液压缸所需流量，油压升高，将溢流阀打开，多余油经溢流阀流回油箱。因此，溢流阀的功用就是保持系统压力基本不变。

2）安全保护

　　在变量泵系统中，溢流阀常用于防止过载，故又称为安全阀。如图 5-18(b)所示，在正常工作时，安全阀关闭，只有在系统发生故障，压力升至安全阀的调定值时，阀口才打开，使变量泵排出的油液流回油箱，对系统起过载保护作用。

3）使泵卸荷

　　采用先导溢流阀调压的定量泵系统，当阀的外控口 K 与油箱连通时，其主阀芯在进油口压力很低时即可迅速抬起，使泵卸荷，以减少能量损失。如图 5-18(c)所示，当电磁铁通电时，溢流阀外控口通油箱，因而能使泵卸荷。

4）远程调压

　　远程调压是指从较远距离的地方来控制泵工作压力的回路，如图 5-18(d)所示，回路压力由遥控溢流阀调定，回路压力维持在 3 MPa。遥控溢流阀的调定压力一定要低于主溢流阀的调定压力，否则相当于将主溢流阀引压口堵塞。

5）形成背压

将溢流阀装在回油路上，调节溢流阀的调压弹簧即能调节背压力的大小，如图 5-18 (e)所示。

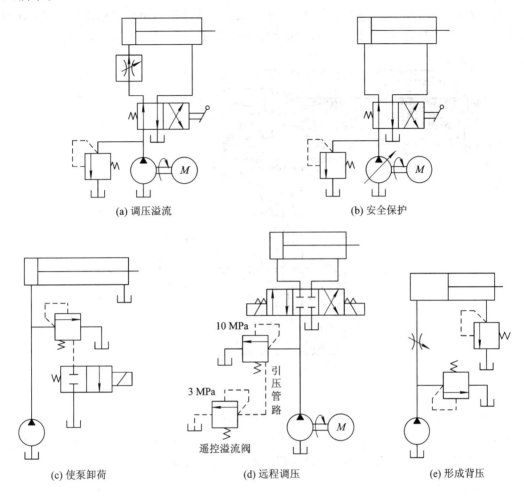

图 5-18　溢流阀的应用

二、减压阀

减压阀主要用于降低液压系统某一支路油液的压力并且维持该压力基本稳定，确切地说，是在工作时控制减压阀出口压力恒定，常用于夹紧、控制和润滑等油路中。

1. 减压阀的工作原理

减压阀有直动型和先导型之分，直动型较少单独使用。先导型应用较多，它的典型结构及职能符号如图 5-19 所示。压力油由阀的进油口 P_1 流入，经阀芯减压口 h 减压后由出口 P_2 流出。同时，出口压力油经阀芯上的径向孔通道一路进入主阀芯的下腔，另一路经过主阀芯上的轴向阻尼孔 e 流到上腔，再由孔 c、d 作用于先导阀芯上。当出口油液压力低于先导阀芯的调定压力时，先导阀芯关闭，主阀芯上、下两腔压力相等，主阀芯在弹簧力的作用下处于最下端，减压口开度 h 为最大，阀处于非工作状态，此时阀不起稳压作用。

当出口压力达到先导阀的调定压力时，先导阀芯移动，阀口打开，主阀弹簧腔的油液便由外泄口 L 流回油箱。油液在主阀芯阻尼孔内流动，产生压降，促使主阀芯上移，减压口 h 减小，维持阀芯平衡，并且使出口压力维持到恒定的调定值。

应当指出的是，在减压阀保持出口压力恒定时，不管减压阀出口油液是否流动，此时仍有少量油液通过减压阀口经先导阀芯和外泄口 L 流回油箱，阀处于工作状态。

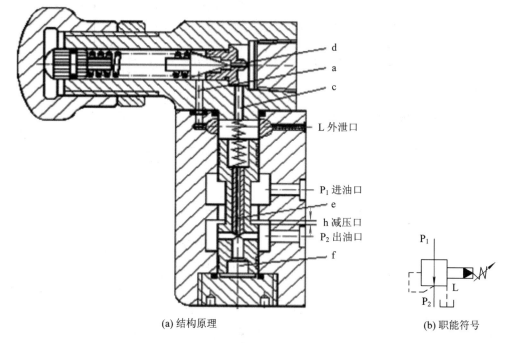

(a) 结构原理　　　　　　　　　　　　　(b) 职能符号

图 5-19　先导式减压阀

减压阀职能符号说明：用方框表示阀体，用带箭头的直线表示阀芯，阀芯在弹簧的作用下处于阀体中间表示常开，控制油来自阀的出口，维持阀出口压力恒定。由于出口接压力油，因此泄漏油必须采取外接方式回油箱。该阀为弹簧可调先导式。

2. 减压阀的应用

在液压系统中，一个油泵供应多个支路工作时，利用减压阀可以组成不同压力级别的液压回路，如图 5-20 所示。此外，减压阀还可用于稳定系统压力，减少压力波动带来的影响，改善系统控制性能等。

三、顺序阀

顺序阀的功用是通过油液压力的作用来控制阀芯启闭实现油路通、断，以便完成液压缸的顺序动作。顺序阀有直动型和先导型之分，根据控制油来源不同有内控式和外控式两种。

1. 顺序阀的工作原理

图 5-21 所示为直动型顺序阀的结构和职能符号。压力油从进油口 P_1 进入，经阀体上的阻尼孔 a 和端盖上的孔道流到控制活塞底部，当作用在控制活塞上的液压力能克服阀芯上的弹簧力时，阀芯上移使阀口打开，油液便从 P_2 流出。调节弹簧压缩量，便可控制阀进口的开启压力，该阀称为内控式顺序阀。若将图 5-21(a) 中的端盖旋转 90°安装，切断进油

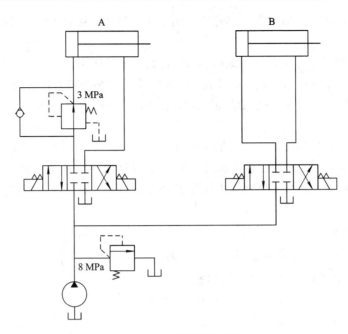

图 5 - 20　减压阀的应用

口通向控制活塞下腔的通道，并去除外控口的螺塞，引入控制油，便成为外控式顺序阀。此外，顺序阀进出油口均是压力油，所以需采用外泄方式卸掉弹簧腔的油液，以便阀芯启闭工作可靠。

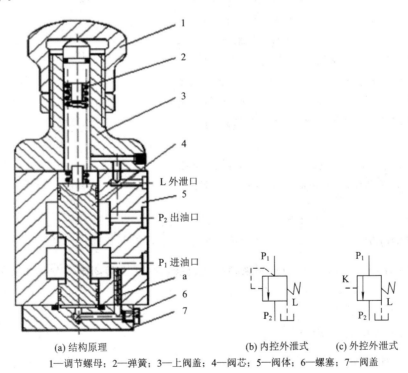

　　(a) 结构原理　　　　　　　　　　(b) 内控外泄式　　(c) 外控外泄式
1—调节螺母；2—弹簧；3—上阀盖；4—阀芯；5—阀体；6—螺塞；7—阀盖

图 5 - 21　顺序阀

顺序阀主要应用于多缸的顺序动作或作为平衡阀使用，从而平衡立式液压缸运动部件的重量。

顺序阀的结构及工作原理与溢流阀相似。它们的主要区别是：

（1）顺序阀的出油口与负载油路相连接，而溢流阀的出油口直接接回油箱。

（2）顺序阀的泄油口单独接回油箱，而溢流阀的泄油则通过阀体内部孔道与阀的出口流回油箱。

（3）顺序阀的进口压力由液压系统工况来决定，当进口压力低于调压弹簧的调定压力时，阀口关闭；当进口压力超过弹簧的调定压力时，阀口开启，接通油路，出口压力油对下游负载做功。溢流阀的进口最高压力由调压弹簧来限定，且由于液流溢回油箱，因此损失了液体的全部能量。

2. 顺序阀的应用

图 5-22 为机床夹具上用顺序阀实现工件先定位后夹紧的顺序动作回路。顺序阀用来实现对工件先定位后夹紧的动作顺序。当二位四通手动阀的右位接入油路时，压力油首先进入定位缸右腔，定位缸左腔的压力油流回油箱，使定位销进入工件定位孔，实现工件定位。这时由于液压压力低于顺序阀的调定压力，因而压力油不能进入夹紧缸下腔，工件不能夹紧。当定位缸活塞停止运动时，系统中压力升高，达到顺序阀的调定压力时，顺序阀被打开，压力油就经过顺序阀流入夹紧缸右腔，缸左腔回油，夹紧缸活塞抬起，实现液压夹紧。二位四通手动阀的左位接入油路时，压力油则同时进入定位缸和夹紧缸的上腔，推动活塞向右移动，拔出定位销，松开工件。此时夹紧缸通过单向阀回油。

顺序阀的调整压力应高于先动作缸的最高工作压力，以保证动作顺序可靠。中压系统一般要高于 0.5～0.8 MPa。

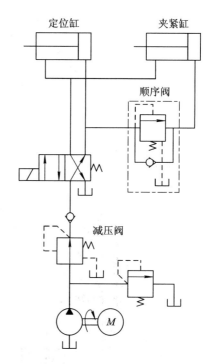

图 5-22　利用顺序阀的顺序动作回路

四、压力继电器

压力继电器是利用液体压力作用来转换成机械动作从而启闭电气触点开关的液压电气转换元件。它在油液压力达到其调定值时，发出电信号，控制电气元件动作，实现液压系统的自动控制。

1. 压力继电器的工作原理

图 5-23 所示为压力继电器的结构和职能符号。当进油口 P 处油液压力达到压力继电器的调定压力时，作用在柱塞 1 上的液压力通过顶杆 2 合上微动开关 4 并发出电信号。调节压紧螺母 3 可以改变弹簧的压缩量，从而改变其压力的调定值。

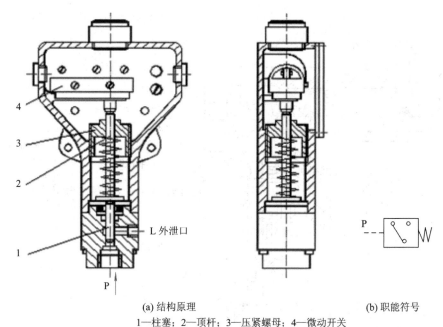

(a) 结构原理　　　　　　　　　　　　　　(b) 职能符号

1—柱塞；2—顶杆；3—压紧螺母；4—微动开关

图 5 - 23　压力继电器

2. 压力继电器的应用

当系统压力达到调定值时，压力继电器通过微动开关发出电信号来控制电气线路，可实现液压泵的加载或卸荷、执行元件的顺序控制、安全保护和元件动作连锁等。

图 5 - 24 中压力继电器使执行元件实现顺序动作。1YA、2YA 通电，缸左腔进油、活塞右移实现快进；2YA 断电，液压缸工进；工进至终点，油压升高达到压力继电器调定值时，发出信号使 1YA 断电，2YA 通电，缸右腔进油，活塞左移实现快退。

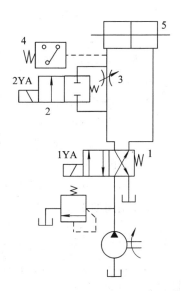

图 5 - 24　压力继电器的应用

【任务实施】

一、压力控制阀的拆装

前面我们讲述了溢流阀、减压阀、顺序阀、压力继电器四类压力控制阀，在这里，仅以先导型溢流阀为例说明拆装过程及注意事项。

1. 实训目的

掌握压力阀的工作原理，能拆装常用压力阀；了解压力阀的结构形式的演变、主要零件的作用。

2. 先导式溢流阀的拆装

如图 5 - 25 所示，先导式溢流阀主要由先导阀和主阀两部分组成。

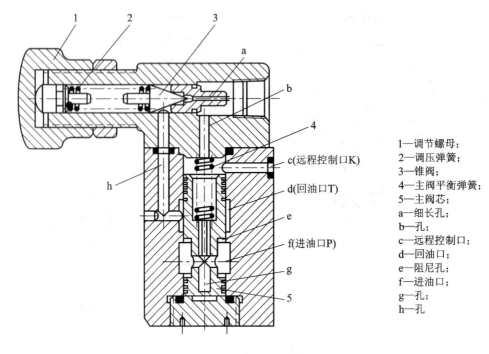

1—调节螺母；
2—调压弹簧；
3—锥阀；
4—主阀平衡弹簧；
5—主阀芯；
a—细长孔；
b—孔；
c—远程控制口；
d—回油口；
e—阻尼孔；
f—进油口；
g—孔；
h—孔

图 5 - 25　先导式溢流阀

1）拆卸顺序

按如下顺序进行拆卸：

第一步，拧下螺钉，拆开主阀和先导阀的连接，取出主阀弹簧和主阀芯。

第二步，拧下先导阀上的手柄和远程控制口的螺塞；

第三步，旋下阀盖，从先导阀体内取出弹簧座、高压弹簧和先导阀芯。

注意：主阀座和导阀座是压入阀体的，不拆。

用光滑的挑针把密封圈撬出，并检查弹性和尺寸精度，如有磨损和老化应及时更换。

在拆卸过程中，详细观察先导阀芯和主阀芯的结构、主阀芯阻尼孔的大小，加深理解先导式溢流阀的工作原理。

2）主要零件的构造及作用

（1）主阀体：其上开有进油口 P、回油口 T 和安装主阀芯用的中心圆孔。

（2）先导阀体：其上开有远控口和安装先导阀芯用的中心圆孔（远程控制口是否接油路要根据需要确定）。

（3）主阀芯：为阶梯轴，其中三个圆柱面与阀体有配合要求，并开有阻尼孔和泄漏孔。

注意泄油孔的作用是将先导阀左腔和主阀弹簧腔的油引至阀体的回油口（这种泄油方式称为内泄）。

（4）调压弹簧：主要起高压作用，它的弹簧刚度比主阀弹簧刚度大。

（5）主阀弹簧：作用是克服主阀芯的摩擦力，所以刚度很小。

二、常见故障及排除方法

压力阀常见的故障现象、产生原因及排除方法见表 5 - 6。

表 5 - 6　　压力阀的常见故障及排除方法

故障现象	产生原因	排除方法
电磁阀通电后不工作	(1) 电源接线接触不良； (2) 电源电压不在工作范围内； (3) 线圈脱焊； (4) 线圈短路； (5) 工作压差不合适； (6) 有杂质使电磁阀的主阀芯和动铁芯卡死； (7) 液体黏度太大，频率太高或寿命已到	(1) 将电源线接好； (2) 调至正常范围； (3) 重新焊接； (4) 更换线圈； (5) 调整压差或更换相称的电磁阀； (6) 进行清洗，如有密封损坏应更换密封并安装过滤器； (7) 更换产品
电磁阀不能关闭	(1) 主阀芯或铁动芯的密封件已损坏； (2) 流体温度、黏度过高； (3) 有杂质使电磁阀的主阀芯或动铁芯卡死； (4) 弹簧寿命已到或变形； (5) 节流孔平衡孔堵塞； (6) 工作频率太高或寿命已到	(1) 更换密封件； (2) 更换对口的电磁阀； (3) 进行清洗； (4) 更换； (5) 及时清洗； (6) 改选产品或更新产品
其他情况	(1) 内泄漏； (2) 外泄漏； (3) 通电时有噪声	(1) 检查密封件是否损坏，弹簧是否装配不良； (2) 若连接处松动或密封件已坏，应紧螺丝或更换密封件； (3) 若头上紧固件松动，则拧紧；若电压波动不在允许范围内，则应调整好电压；若铁芯吸合面有杂质或不平，则应及时清洗或更换

【知识检测】

1. 溢流阀在液压系统中有何功用？

2. 若先导型溢流阀主阀芯或导阀的阀座上的阻尼孔被堵死，将会出现什么故障？

3. 阀的铭牌不清楚时，不许拆开，如何判断哪个是直动型溢流阀？哪个是先导型减压阀？哪个是顺序阀？

4. 如图 5 - 26 所示的液压回路中，溢流阀的调整压力为 5 MPa，减压阀的调整压力为 2.5 MPa，试分析活塞运动时和碰到死挡铁后 A、B 处的压力值（主油路截止，运动时液压缸的负载为零）。

5. 如图 5 - 27 所示，油路中各溢流阀的调定压力分别为 $p_A = 5$ MPa，$p_B = 4$ MPa，$p_C = 2$ MPa，在外负载趋于无穷大时，图(a)和图(b)所示油路的供油压力各为多少？

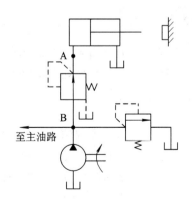

图 5 - 26

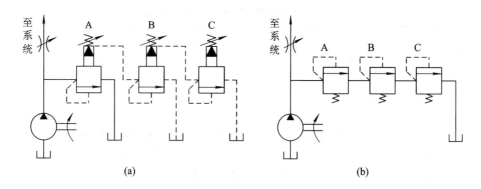

(a)　　　　　　　　　　　　　　　　(b)

图 5 - 27

学习情境 5.3　认识流量控制阀

【任务描述】

如图 5 - 28 所示，通过拆装流量控制阀，查看元件的铭牌信息，分析流量控制阀具有什么样的结构，如何控制液压系统的流速，会遇到什么故障，原因是什么，怎样排除。

图 5 - 28　流量控制阀

【任务分析】

要想分析流量控制阀在液压系统中的作用，需要了解流量控制阀的类型、结构，熟悉它们的符号含义，掌握其工作原理。

【任务目标】

(1) 掌握流量控制阀的工作原理；

(2) 熟悉流量控制阀的使用场合；

(3) 了解流量控制阀的常见故障现象及排除方法。

【相关知识】

流量控制阀简称流量阀，它通过改变节流口通流面积或通流通道的长短来改变局部阻力的大小，从而实现对流量的控制，进而改变执行机构的运动速度。常用的流量控制阀有节流阀、调速阀和分流集流阀等。

一、节流阀

1. 节流阀的结构及工作原理

图5-29所示为节流阀的结构和职能符号。压力油从进油口 P_1 流入，经过阀芯上的节流口从 P_2 流出。节流口的形式为轴向三角槽式。调节手轮可使阀芯轴向移动，改变节流口的通流截面面积，从而达到调节流量的目的。

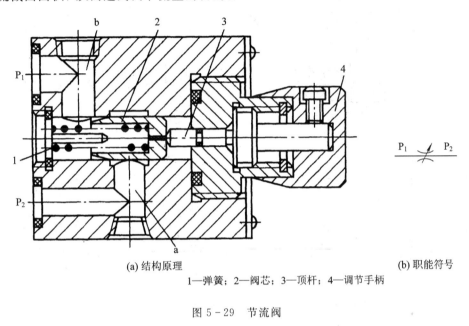

(a) 结构原理　　　　　　　　　　　　　　　(b) 职能符号

1—弹簧；2—阀芯；3—顶杆；4—调节手柄

图5-29　节流阀

2. 节流阀的流量特性

节流阀的节流口通常有三种形式，即薄壁小孔、细长小孔和短孔。无论节流口采用何种形式，通过节流阀的流量 q 及其前后压差 Δp 的关系都可表示为 $q = KA_\mathrm{T}\Delta p^m$。三种节流口的流量特性曲线如图5-30所示。

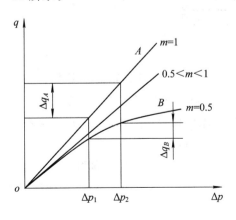

图5-30　节流阀的流量特性曲线

由图5-30可知，通过节流阀的流量与节流口形状、前后的压差及流态等因素密切相关。当节流阀的通流截面调定后，由于负载的变化，节流阀前后的压差也发生变化，使流量不稳定。m 值越大，流量 q 受压差 Δp 的影响就越大，因此节流口制成薄壁孔（$m=0.5$）比制成细长孔（$m=1$）更好。此外，油温变化会引起黏度变化，导致流量系数 K 发生变化，从而引起流量变化。其中细长孔的流量受油温影响比较大，而薄壁孔受油温影响较小，因此，一般流量阀的节流口为薄壁孔。

3. 节流口的形式与特征

节流口是流量阀的关键部位，节流口形式及其特性在很大程度上决定着流量控制阀的性能。几种常用的节流口如图 5-31 所示。

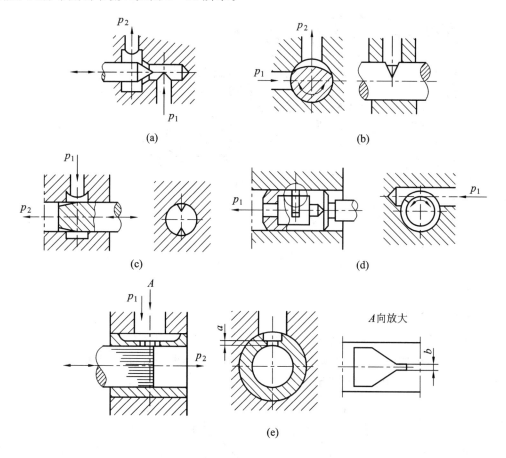

图 5-31　节流口的形式

图（a）为针阀式节流口。针阀作轴向移动时，调节了环形通道的大小，由此改变了流量。这种结构加工简单，但节流口长度大，水力半径小，易堵塞，流量受油温变化的影响也大，一般用于要求较低的场合。

图（b）为偏心式节流口。在阀芯上开一个截面为三角形（或矩形）的偏心槽，当转动阀芯时，就可以改变通道大小，由此调节流量。偏心槽式结构因阀芯受径向不平衡力，高压时应避免采用。

图（c）为轴向三角槽式节流口。在阀芯端部开有一个或两个斜的三角槽，轴向移动阀芯就可以改变三角槽通流面积，从而调节流量。在高压阀中有时在轴端铣两个斜面来实现节流。轴向三角槽式节流口的水力半径较大，小流量时的稳定性较好。

图(d)为缝隙式节流口。阀芯上开有狭缝，油液可以通过狭缝流入阀芯内孔，再经左边的孔流出，旋转阀芯可以改变缝隙的通流面积大小。这种节流口可以做成薄刃结构，从而获得较小的稳定流量，但是阀芯受径向不平衡力，故只适用于低压节流阀中。

图(e)为轴向缝隙式节流口。在套筒上开有轴向缝隙，轴向移动阀芯就可以改变缝隙的通流面积大小。这种节流口可以做成单薄刃或双薄刃式结构，流量对温度不敏感。在小流量时水力半径大，故小流量时的稳定性好，因而可用于性能要求较高的场合(如调速阀中)。但节流口在高压作用下易变形，使用时应改善结构的刚度。

对比图 5-31 中所示的各种形状节流口，图(a)的针式和图(b)的偏心式由于节流通道较长，因此节流口前后压差和温度的变化对流量的影响较大，也容易堵塞，只能用在性能要求不高的地方；而图(e)所示的轴向缝隙式，由于节流口上部铣了一个槽，使其厚度减薄到 $0.07 \sim 0.09$ mm，成为薄刃式节流口，其性能较好，可以得到较小的稳定流量。

二、调速阀

调速阀是由定差减压阀 1 和节流阀 2 串联而成的。定差减压阀用来保持节流阀前后的压差不变，节流阀用来调节通过阀的流量，从而保证调速阀的流量稳定。其工作原理及职能符号如图 5-32 所示。设减压阀的进口压力为 p_1，出口压力为 p_2，通过节流阀后降为 p_3。当负载 F 变化时，出口压力 p_3 随之变化，则调速阀进出口压差 $p_1 - p_3$ 也随之变化，但节流阀两端压差 $p_2 - p_3$ 保持不变，从而保证通过的流量稳定。例如，当 F 增大时，p_3 增大，减压阀芯弹簧腔油液压力增大，阀芯下移，阀口开度 x 加大，使 p_2 增加，结果 $p_2 - p_3$ 保持不变，保证通过的流量稳定，反之亦然。

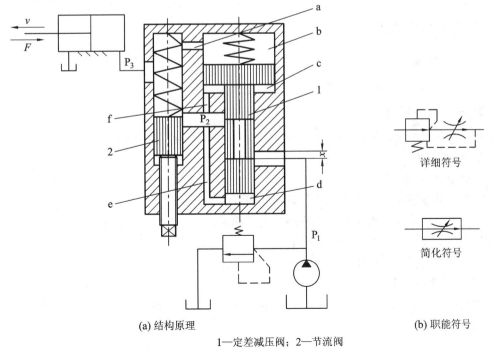

(a) 结构原理　　　　　　　　　　　　　(b) 职能符号

1—定差减压阀；2—节流阀

图 5-32　调速阀

　　图 5-33 所示为节流阀和调速阀的流量-压差特性曲线。由图 5-33 可知，通过节流阀的流量随其进出油口压差发生变化，而调速阀的特性曲线基本上是一条水平线，即进出口压差变化时，通过调速阀的流量基本不变。只有当压差很小，即 $\Delta p \leqslant 0.5$ MPa 时，调速阀的特性曲线与节流阀的特性曲线重合，这是因为此时调速阀中的定差减压阀处于非工作状态，减压阀口全开，调速阀只相当于一个节流阀。

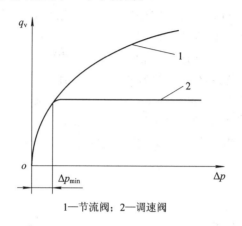

1—节流阀；2—调速阀

图 5-33　流量阀的流量-压差特性曲线

　　调速阀和节流阀在液压系统中的作用都是控制流量，但阀的流量稳定性不同。节流阀适用于对速度稳定性要求不高的节流调速系统，而调速阀适用于执行元件负载变化大而运动速度要求稳定的节流调速系统。

【任务实施】

一、节流阀的拆装实训

1. 实训目的

熟悉节流阀的调节方式、节流口形式及主要零件的作用，掌握流量阀的工作原理。

2. 节流阀的拆装

如图 5-34 所示，节流阀主要由阀体、阀芯、调节手柄等组成。

1）拆装顺序

按如下顺序进行拆装：

第一步，旋下手柄上的沉头螺钉，取下调节手柄；

第二步，用卡簧钳取出调节螺杆端部的卡簧；

第三步，旋出调节杆（反牙），取出推杆；

第四步，从阀体上取出阀芯及弹簧。

2）主要零件的构造及作用

节流阀芯为轴向三角槽节流口，转动调节手柄 3，节流阀芯沿轴向运动，改变节流口通流截面大小，从而调节通过节流阀的流量。

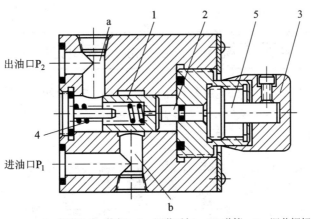

1—阀芯；2—推杆；3—调节手柄；4—弹簧；5—调节螺杆

图 5-34 节流阀

二、流量阀常见的故障及排除方法

流量控制阀常见的故障现象、产生原因及排除方法见表 5-7。

表 5-7 流量控制阀的常见故障及排除方法

故障现象	产 生 原 因	排 除 方 法
流量调节失灵	(1) 节流阀芯与阀体间隙过大，产生泄漏； (2) 节流口堵塞或滑阀卡住； (3) 节流阀结构不合理； (4) 密封件损坏	(1) 研修或更换磨损件； (2) 清洗元件，更换油液； (3) 选用节流特性好的节流口； (4) 更换密封件
流量不稳定	(1) 油污黏在节流口上，使通流面积变小，速度变慢； (2) 内、外泄漏大； (3) 负载变化使速度突变； (4) 油温升高，速度加快； (5) 系统中存在大量空气	(1) 清洗元件，过滤油液； (2) 检查零件精度和配合间隙，修正或更换超差零件； (3) 改用调速阀； (4) 采用温度补偿节流阀或调速阀，并采取降温措施； (5) 排出空气

【知识检测】

1. 流量控制阀的作用是什么？有哪些类型？

2. 影响节流阀的流量稳定性的因素有哪些？

3. 在工作中调速阀与节流阀有何异同？

学习情境6 认识液压辅助元件

图6-1所示为液压辅助元件,主要有蓄能器、过滤器、油箱、管件等。液压辅助元件和液压元件一样,都是液压系统中不可缺少的组成部分。它们对系统的性能、效率、温升、噪声和寿命等都有很大的影响,是系统正常工作的重要保证。

图6-1 液压辅助元件

【任务描述】

参观液压实训台,观察油箱、管件、密封件等液压辅助元件,分析各类液压辅助元件的类型和基本结构,并熟悉各类液压辅助元件的使用方法及适用场合。

【任务分析】

要完成本任务,首先要对各种辅助元件加以区分,了解辅助元件的名称、类型、结构及其作用。

【任务目标】

(1)掌握各类辅助元件的作用;
(2)了解各类液压辅助元件的类型和基本结构;
(3)掌握各类液压辅助元件的日常维护和保养方法。

【相关知识】

一、蓄能器

蓄能器用来储存和释放流体的压力能。它的工作原理是当系统的压力高于蓄能器内流体的压力时,系统中的液体充进蓄能器中,直到蓄能器内外压力相等;反之,当蓄能器内流体的压力高于系统的压力时,蓄能器内的流体流到液压系统中,直到蓄能器内外压力平衡。

1. 蓄能器的结构形式

蓄能器有重力式、弹簧式和充气式三类，常用的是充气式。充气式蓄能器是利用密封气体的压缩膨胀来储存、释放能量的，主要有活塞式、气囊式和气瓶式三种。

图 6-2(a)所示为活塞式蓄能器。用活塞 1 将气室和油室隔开，气体经气室顶部的充、放气阀进入气室，压力油经蓄能器的下腔油口储存和释放。活塞式蓄能器的结构简单，寿命长，安装和维护方便；但活塞运动时有惯性和摩擦损失，所以响应速度慢，不适宜在低压情形下用于吸收脉动。

图 6-2(b)所示为皮囊式蓄能器。其工作原理同活塞式蓄能器。在皮囊式蓄能器油室的出油口处设置一常开式碟形阀。当皮囊充气膨胀时迫使碟形阀关闭，防止皮囊挤出油口。碟形阀的支撑弹簧要有足够的刚度，以防蓄能器排油(允许流速超过 6.5 m/s 时)碟形阀关闭。皮囊式蓄能器的皮囊惯性小，响应速度快，适用于储能和吸收压力冲击的场合。

图 6-2(c)所示为气瓶式蓄能器。气体 7 和油液 8 在蓄能器中是直接接触的。这种蓄能器的特点是容量大，但由于气体混入油液中，影响系统工作的平稳性，而且耗气量大，需经常补气，因此仅适用于中、低压大流量的液压系统。

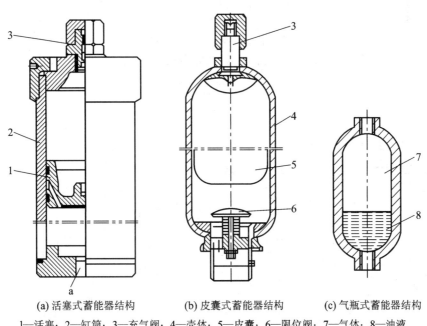

(a) 活塞式蓄能器结构　　　(b) 皮囊式蓄能器结构　　　(c) 气瓶式蓄能器结构

1—活塞；2—缸筒；3—充气阀；4—壳体；5—皮囊；6—限位阀；7—气体；8—油液

图 6-2　蓄能器

2. 蓄能器的作用

蓄能器可以在短时间内向系统提供具有一定压力的液体，也可以吸收系统的压力脉动和减小压力冲击等，其功能主要有以下几个方面。

1) 保压和补充泄漏

如图 6-3(a)所示，液压系统需要较长时间保压，而泵卸载时，可利用蓄能器释放储存的压力油，补充系统泄漏，保持系统压力。

2）作辅助动力源或紧急动力源

如图6-3(b)所示，在工作循环不同阶段需要的流量变化很大时，常采用蓄能器和一个流量较小的泵组成油源。另外当驱动泵的原动机发生故障时，蓄能器可作紧急动力源。

3）吸收冲击和消除压力脉动

如图6-3(c)所示，在压力冲击处和泵的出口安装蓄能器可吸收压力冲击峰值和压力脉动，提高系统工作的平稳性。

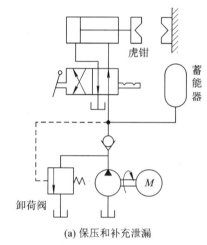

(a) 保压和补充泄漏

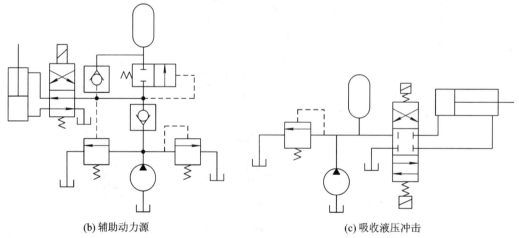

(b) 辅助动力源　　　　　　　　　　　(c) 吸收液压冲击

图 6-3　蓄能器的作用

3. 蓄能器的安装和使用

蓄能器作为一种压力容器，选用时必须采用有完善质量体系保证并取得有关部门认可的产品。

选择蓄能器时必须考虑其与液压系统工作介质的相容性。

如图6-4所示，气囊式蓄能器应垂直安装，油口向下，否则会影响气囊的正常收缩。

蓄能器用于吸收液压冲击和压力脉动时，应尽可能安装在振动源附近；蓄能器用于补充泄漏，使执行元件保压时，应使其尽量靠近该执行元件。

安装在管路中的蓄能器必须用支架或支承板加以固定。

图 6 - 4　蓄能器的安装图

蓄能器与管路之间应安装截止阀，以便于充气检修；蓄能器与液压泵之间应安装单向阀，以防止液压泵停车或卸载时，蓄能器内的液压油倒流回液压泵。

二、过滤器

1. 功用

过滤器的功用是过滤混在液压油液中的杂质，降低进入系统中油液的污染度，保证系统正常工作。如图 6 - 5 所示，过滤器一般由滤芯(或滤网)和壳体构成。

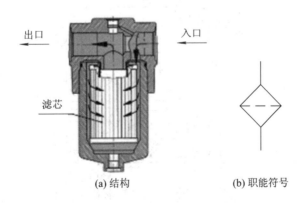

(a) 结构　　　　　　　　　　(b) 职能符号

图 6 - 5　过滤器

2. 选用过滤器的基本要求

(1) 有适当的过滤精度。

过滤精度是指滤油器能够滤除的最小杂质颗粒的大小，以直径 d 作为公称尺寸表示。按精度不同，过滤器可分为粗过滤器($d \geqslant 100\ \mu m$)、普通过滤器($10\ \mu m \leqslant d < 100\ \mu m$)、精过滤器($5\ \mu m \leqslant d < 10\ \mu m$)、特精过滤器($10\ \mu m \leqslant d < 5\ \mu m$)。

不同的液压系统有不同的过滤精度要求，一般对过滤器的基本要求是：能满足液压系统对过滤精度的要求，即能阻挡一定尺寸的杂质进入系统；滤芯应有足够强度，不会因压力而损坏；通流能力大，压力损失小；易于清洗或更换滤芯。表 6-1 所示为各种液压系统的过滤精度要求。

表 6-1　各种液压系统的过滤精度

系统类别	润滑	传动系统			伺服
工作压力/MPa	0～2.5	<14	14～32	>32	≤21
精度 $d/\mu m$	≤100	25～50	≤25	≤10	≤5

（2）有足够的过滤能力。过滤能力是指在一定压降下允许通过过滤器的最大流量。过滤器的过滤能力应大于通过它的最大流量，允许的压力降一般为 0.03～0.07 MPa。

（3）有足够的强度。过滤器的滤芯及壳体应有一定的机械强度，不因液压力的作用而破坏。

（4）滤芯要便于清洗和更换。

3．过滤器的类型及应用

按滤芯材质和结构形式的不同，过滤器可分为网式、线隙式、纸芯式、烧结式和磁性过滤器等。

1）网式过滤器

图 6-6 所示为网式过滤器的结构。这种过滤器的滤芯以铜网为过滤材料，在周围开有很多孔的塑料或金属筒形骨架上包着一层或两层铜丝网，其过滤精度取决于铜网层数和网孔的大小。这种过滤器一般用于液压泵的吸油口，用来保护液压泵。它具有结构简单、通油能力大、阻力小、易清洗等特点，但过滤精度低。

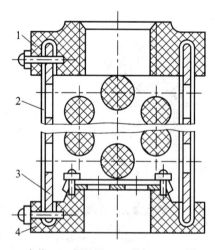

1—上盖；2—铜丝网；3—骨架；4—下盖

图 6-6　网式过滤器

2）线隙式过滤器

图 6-7 所示为线隙式滤油器的结构。这种过滤器用钢线或铝线密绕在筒形骨架的外部来组成滤芯，依靠铜丝间的微小间隙滤除混入液体中的杂质。其结构简单，通流能力强，

过滤精度比网式滤油器高，但不易清洗，滤芯材料强度较低，多安装在回油路或液压泵的吸油口处。

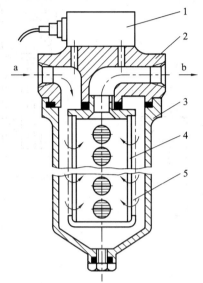

1—发讯装置；2—端盖；3—壳体；4—骨架；5—铜丝

图 6-7　线隙式过滤器

3）纸芯式过滤器

图 6-8 所示为纸芯式过滤器的结构。这种过滤器的滤芯为微孔滤纸制成的纸芯，将纸芯围绕在带孔的镀锡铁做成的骨架上，以增大强度。为增加过滤面积，纸芯一般做成折叠形。其过滤精度较高，一般用于油液的精过滤，如精密机床、伺服机构等的液压系统中，但堵塞后无法清洗。

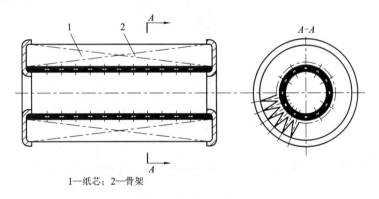

1—纸芯；2—骨架

图 6-8　纸芯式过滤器

4）烧结式过滤器

图 6-9 所示为烧结式过滤器的结构。这种过滤器的滤芯用金属粉末烧结而成，利用颗粒间的微孔来挡住油液中的杂质以阻止其通过，其滤芯能承受高压，抗冲击性能好，但若有颗料脱落，则会影响过滤精度。

5）磁性过滤器

图 6-10 所示为磁性过滤器的结构。这种过滤器是永久磁铁做成的，一般用于清除油

液中的铁质、铸铁粉末等铁磁性物质。

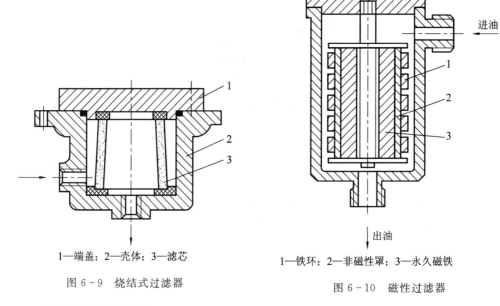

1—端盖；2—壳体；3—滤芯

图 6-9　烧结式过滤器

1—铁环；2—非磁性罩；3—永久磁铁

图 6-10　磁性过滤器

4. 过滤器的安装位置

图 6-11 所示为过滤器的安装位置。过滤器在液压系统中的安装由过滤精度和压力损失决定。

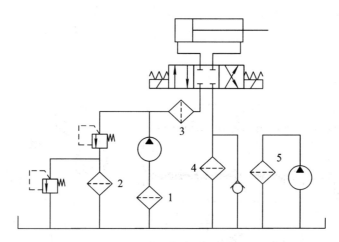

图 6-11　过滤器的安装位置

1）安装在液压泵的吸油口上

过滤器 1 安装在泵的吸油口上，可以保护系统中的所有元件，但由于受泵吸油阻力的限制，只能选用压力损失小的网式滤油器。这种滤油器过滤精度低，泵磨损所产生的颗粒将进入系统，对系统其他液压元件无法完全保护，还需其他滤油器串在油路上使用。

2）安装在液压泵的出油口上

过滤器 3 安装在液压泵的出油口上，可以有效地保护除泵以外的其他液压元件，但由于滤油器是在高压下工作，滤芯需要有较高的强度，为了防止滤油器堵塞而引起液压泵过载或滤油器损坏，常在滤油器旁设置一堵塞指示器或旁路阀加以保护。

3）安装在回油路上

过滤器 4 安装在系统的回油路上，可以把系统内油箱或管壁氧化层的脱落或液压元件磨损所产生的颗粒过滤掉，以保证油箱内液压油的清洁，使泵及其他元件受到保护。由于回油压力较低，因此所需滤油器强度不必过高。

4）安装在支路上

过滤器 2 安装在溢流阀的回油路上，不会增加主油路的压力损失，滤油器的流量也可小于泵的流量，比较经济合理。但这样不能过滤全部油液，也不能保证杂质不进入系统。

5）单独过滤

过滤器 5 为独立的过滤系统，可以连续清除系统内的杂质，保证系统内清洁。这种过滤方式一般用于大型液压系统。

三、油箱

1. 功用

油箱是液压系统中用来储存工作介质，散发系统工作中产生的热量，分离油液中混入的空气、沉淀污染物及杂质的容器。

2. 结构

油箱形式可分为开式和闭式两种。开式油箱油的液面和大气相通，而闭式油箱中的油液面和大气隔绝。液压系统中大多数采用开式油箱。开式油箱大部分是以钢板焊接而成的。图 6-12 所示为工业上使用的典型焊接式油箱。为得到最大的散热面积，油箱以立方体和长方体为主。最高油面为总高的 80%。箱盖的大小与上面放置的装置有关。油箱用 2.4～4 mm 的钢板制成。

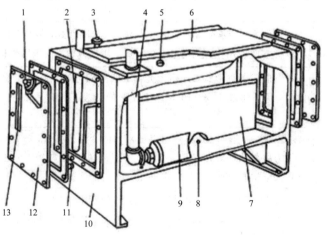

1—注油口；2—回油管；3—溢油口；4—吸油管；5—装空气过滤器的通孔；6—底板；7—隔板；8—堵塞；9—滤油器；10—箱体；11—泄油口；12—端盖；13—油位计

图 6-12 油箱

3. 隔板及配管的安装位置和作用

如图 6‑13 所示，泵的吸油管和系统的回油管管口之间应尽量远离，并且都应插在最低油面之下。油箱中设置隔离板，将吸油、回油隔开，使油液循环流动。空气过滤器的作用是使油箱与大气分离，并防止灰尘的污染。液位计用于监测油面的高度。

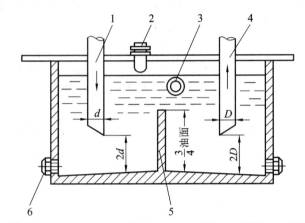

1—回油管；2—注油口；3—油位计；4—吸油管；5—隔板；6—泄油口

图 6‑13　隔板及配管的安装位置

四、油管和管接头

1. 油管

1）类型与作用

油管的类型与作用见表 6‑2。

表 6‑2　油管的类型与作用

种　类		特点和适用场所
硬管	钢管	价格低廉，能承受高压，油液不易氧化，刚性好，但装配时不能任意弯曲；常在装拆方便处用作压力管道，中、高压用无缝管，低压用焊接管
	紫铜管	易弯曲成各种形状，且内壁光滑，摩擦阻力小，但易使油液氧化，耐压力较低，一般不超过 6.5～10 MPa，抗振能力差。通常用在液压装置内配接不便之处
软管	尼龙管	乳白色，半透明，加热后可以随意弯曲变形或扩口，冷却后又能定形不变，承压能力因材质而异，范围为 2.5～8 MPa，但寿命较短，可在中、低压系统中部分替代紫铜管
	橡胶管	高压管由耐油橡胶夹几层钢丝编织网或钢丝绕层做成。其特点是装配方便，能减轻液压系统的冲击，吸收振动，但制造困难，价格较贵，寿命短。一般用于有相对运动的部件间的连接
	塑料管	质轻耐油，价格便宜，装配方便，但承压能力低，长期使用会变质老化，只宜作压力低于 0.5 MPa 的回油管、泄油管等

2）油管的安装要求

（1）油管的安装应横平竖直，尽量减少转弯。管道尽量避免交叉，在装配液压系统时，油管的弯曲半径不能太小，一般应为管道半径的 3～5 倍。应尽量避免小于 90°的弯管，平行或交叉管之间应有适当的间隔（一般距离要大于 100 mm），并用管夹固定，以防振动和碰撞。

（2）软管直线安装时要有一定的余量，以适应油温变化、受拉和振动产生的长度变化的需要。弯曲半径要大于软管外径的 9 倍，弯曲处到管接头的距离至少等于外径的 6 倍。

2. 管接头

管接头用于油管和油管、油管和其他液压元件之间的连接。它必须具有装拆方便、连接牢固、密封可靠、外形尺寸小、通流能力大、压降小、工艺性好等特点。

管接头按接头的通路方向可分为直通、三通、四通、铰接等形式；管接头按其与油管的连接方式可分为管端扩口式、卡套式、焊接式和扣压式。

管接头的种类很多，下面介绍几种常用的管接头结构。

1）扩口式管接头

图 6-14(a)所示为扩口式管接头结构，当旋紧螺母 3 时，通过卡套 4 使接管 2 端部的扩口压紧在接头体 1 的锥面上。被扩口的管子只能是薄壁且塑性良好的管子（如铜管）。此种接头的工作压力不高于 8 MPa。

2）卡套式管接头

图 6-14(b)所示为卡套式管接头的结构，拧紧接头螺母 3 后，卡套 4 发生弹性变形并将接管 2 夹紧。它对轴向尺寸要求不严，装拆方便，但对连接用管道的尺寸精度要求较高。

3）焊接式管接头

图 6-14(c)所示为焊接式管接头的结构，钢管和基体通过焊接管接头连接。把接管 2 焊在被连接的钢管端部，接头体 1 用螺纹拧入某元件的基体，用组合密封垫防止从元件中外漏。将 O 型密封圈放在接头体 1 的端面处，将螺母 3 拧在接头体 1 上即完成连接。焊接式管接头制作简单、工作可靠，适用于管壁较厚和压力较高的系统，工作压力可达 32 MPa 或更高。其缺点是对焊接质量要求较高。它是目前应用最多的一种管接头。

4）扣压式软管接头

图 6-14(d)所示为扣压式软管接头的结构，它由接头体和外接头体组成。装配时必须剥离外胶层，然后在专门设备上扣压而成。这种管接头适用于工作压力为 6～40 MPa 的液压传动系统中软管的连接。

5）快换接头

快换接头是一种能实现管路迅速连通或断开的接头，适用于需要经常拆装的液压管路。图 6-14(e)所示为快换接头的结构。图示为接通工作位置，此时两个接头的结合处通过 6～12 个钢球被压落在接头体的 V 形槽内。接头体内的单向阀由前端的顶杆互相顶开，形成溢流通道，油液可由一端流向另一端。当需要断开油路时，只需将外套 4 向左推，同时拉出接头体 5，于是钢球 3 退出 V 形槽，接头体的单向阀芯在弹簧作用下外移，将管道关闭，油液不会外漏。

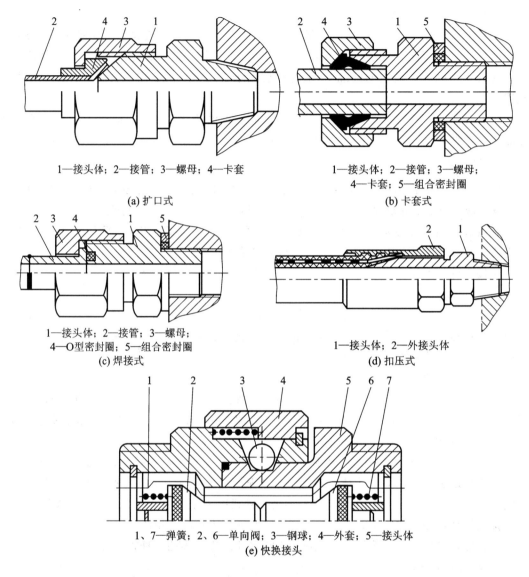

1—接头体；2—接管；3—螺母；4—卡套

(a) 扩口式

1—接头体；2—接管；3—螺母；
4—卡套；5—组合密封圈

(b) 卡套式

1—接头体；2—接管；3—螺母；
4—O型密封圈；5—组合密封圈

(c) 焊接式

1—接头体；2—外接头体

(d) 扣压式

1、7—弹簧；2、6—单向阀；3—钢球；4—外套；5—接头体

(e) 快换接头

图 6 - 14　管接头的连接形式

【任务实施】

1. 观察液压实验台，认识并熟悉常用的液压辅助元件。

2. 观察管接头的结构，了解管接头的作用。

3. 拆下油箱上盖连接螺钉，观察其内部结构，了解油箱的作用。

【知识检测】

1. 液压辅助元件有哪些？各有何作用？

2. 常用的过滤器有哪几种？它们通常安装在系统的什么位置上？

3. 蓄能器有哪些类型？安装和使用蓄能器应注意哪些问题？

模块二 液压系统回路分析

下图所示为起重机动作及液压系统回路图，液压系统回路由一些基本回路组成，如平衡回路、锁紧回路和制动回路等。液压基本回路是指由若干液压元件组成的能完成某一特定功能的典型油路。熟练掌握典型液压基本回路的组成、工作原理、性能及其应用，是正确分析、合理设计、维护、安装、调试和使用液压系统的重要基础。

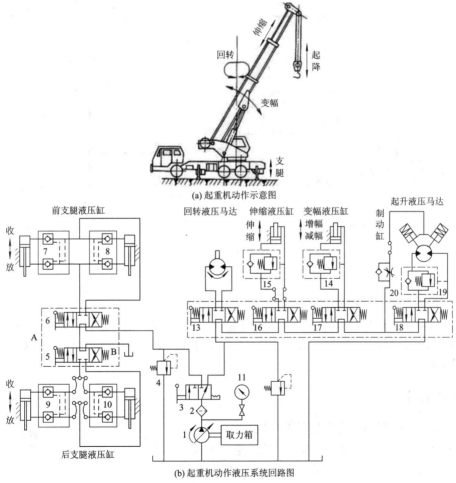

(a) 起重机动作示意图

(b) 起重机动作液压系统回路图

1—液压泵；2—过滤器；3—二位三通手动换向阀；4，12—溢流阀；5，6，13，16，17，18—手动换向阀；7，8，9，10—液压阀；11—压力计；14，15，19—液控单向顺序阀；20—单向节流阀

图 起重机动作及液压系统回路

复杂的液压系统都可以分解成几个基本液压回路。液压基本回路按功能分为方向控制回路、压力控制回路、速度控制回路和多执行元件动作控制回路等。

学习情境 7 方向控制回路

【任务描述】

分析如图 7-1 所示的方向控制回路，明确其各组成元件，学会用 FluidSIM 软件完成回路的绘制并进行仿真，验证换向回路所能实现的功能。

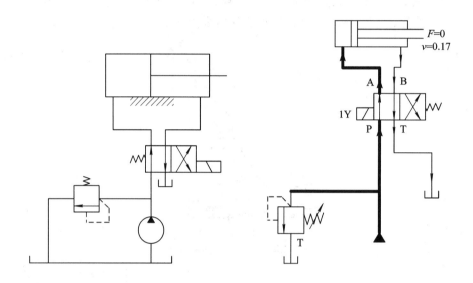

图 7-1 FluidSIM 软件仿真回路图

【任务分析】

要想改变运动机构的方向或使其可靠停留，必须由方向控制阀构成的方向控制回路来实现。通过对方向控制回路图中的分析，熟悉方向控制回路的构成、工作特点及工作中应注意的事项。

【任务目标】

(1) 掌握换向回路的换向原理及应用；

(2) 学会使用 FluidSIM 液压仿真软件进行换向回路仿真；

(3) 完成实训台上换向回路的组装和调试工作。

【相关知识】

方向控制回路的功用是通过控制液压系统中油液的通、断和流动方向来实现执行元件的启动、停止和换向。常见的方向控制回路包括换向回路和锁紧回路。

一、换向回路

换向回路用于控制液压系统中的油流方向，从而改变执行元件的运动方向。对换向回路的基本要求是：换向可靠，灵敏平衡，换向精度合适。一般可采用各种换向阀来实现，在闭式容积调速回路中也可利用双向变量泵实现换向过程。

1. 采用换向阀的换向回路

在液压系统中，利用换向阀换向是最常用的换向方式。采用二位四通、三位四通（五通）换向阀都可以使执行元件换向。图 7 - 2(b)所示为采用三位四通换向阀的换向回路，当换向阀处于左位时，油泵来的压力油进入油缸的左腔，载荷活塞杆伸出；当换向阀处于中位时，油泵来的油直接回油箱，油泵卸荷，油缸处于停止状态；当换向阀处于右位时，油泵来的压力油进入油缸的右腔，油缸的左腔回油，活塞杆缩回。

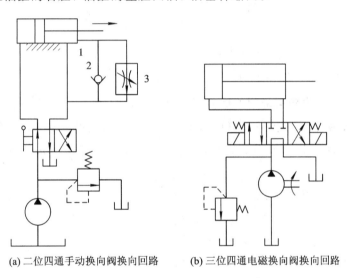

(a) 二位四通手动换向阀换向回路　　　(b) 三位四通电磁换向阀换向回路

图 7 - 2　换向阀换向回路

不同换向阀的结构不同，性能特点也不同。一般情况下，手动换向阀用于换向精度和平稳性不高、换向不频繁且无需自动化的场合，如一般机床夹具、工程机械等；机动换向阀换向回路用于换向精度高、冲击较小、速度和惯性较大的系统；电磁换向阀换向回路易于实现自动化，但换向时间短，冲击大，常用于低速、轻载和换向精度要求不高的场合；液动阀和电液换向阀换向回路用于流量超过 63 L/min、对换向精度与平稳性有一定要求的液压系统。

2. 采用双向变量泵的换向回路

如图 7 - 3 所示，在闭式回路中可用双向变量泵变更供油方向来实现液压缸（双向马达）换向。图 7 - 3 中，改变双向变量泵 5 的供油方向，可使双向变量马达 7 正向或反向转换，泵 3 为补油泵，溢流阀 1 设定补油压力，溢流阀 6 是防止系统过载的安全阀。

这种换向回路比普通换向阀组成的换向回路的换向更平稳，多用于大功率的液压传动系统中，如龙门刨床、拉床等液压传动系统。

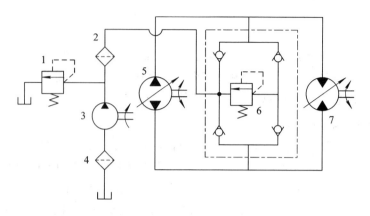

图 7-3　双向变量泵换向回路

二、锁紧回路

锁紧回路能够使执行元件停止在任意位置上，且停止后不会在外力作用下移动。锁紧的原理就是封闭执行元件的回油口。

1. 采用滑阀机能为中间封闭的换向阀组成的闭锁回路

如图 7-4(a)所示，采用 M 型(O 型)中位机能的换向阀可以封闭液压缸的出油口，使液压缸实现双向锁紧。由于滑阀芯泄漏量大，锁紧性能差，因此只能用于锁紧时间短、锁紧要求不高的场合。

2. 采用液控单向阀的闭锁回路

图 7-4(b)所示为采用液控单向阀组成的液压锁紧回路。液控单向阀的阀芯一般为锥阀芯，密封性能好。这种回路一般用于执行元件需要长时间保压、锁紧的情况下，如汽车起重机支腿、飞机起落架锁紧、矿山采掘机械液压支架锁紧。

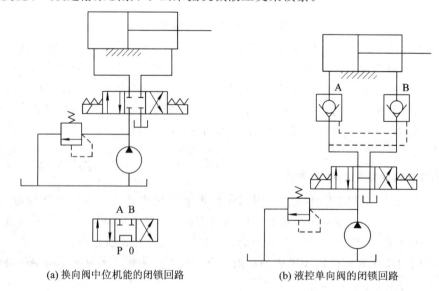

(a) 换向阀中位机能的闭锁回路　　　　　(b) 液控单向阀的闭锁回路

图 7-4　锁紧回路

【任务实施】

一、换向回路的仿真实训

1. 实训目的

熟练运用 FluidSIM 软件进行简单液压回路的仿真练习，进一步认识液压回路的组成元件及其职能符号。

2. 学习 FluidSIM 软件

1）FluidSIM 软件介绍

FluidSIM 由德国 Festo 公司和 Paderborn 大学联合开发，是专门用于液压、气压传动及电液压、电气动的教学培训软件。FluidSIM 分为 FluidSIM–H 和 FluidSIM–P 两个软件，其中 FluidSIM–H 用于液压传动技术的模拟仿真与排障，而 FluidSIM–P 用于气压传动。FluidSIM 软件既可以与 Festo Didactic GmbH&Co 设备一起使用，也可以单独使用。

如图 7-5 所示，FluidSIM 软件的设计界面简单易懂，窗口顶部的菜单栏列出仿真和新建回路图所需的功能，工具栏给出了常用菜单功能，窗口左边显示出了 FluidSIM 的整个元件库。状态栏位于窗口底部，用于显示操作 FluidSIM 软件时的计算和活动信息。在 FluidSIM 软件中，操作按钮、滚动条和菜单栏的使用与大多数 Microsoft Windows 应用软件类似。

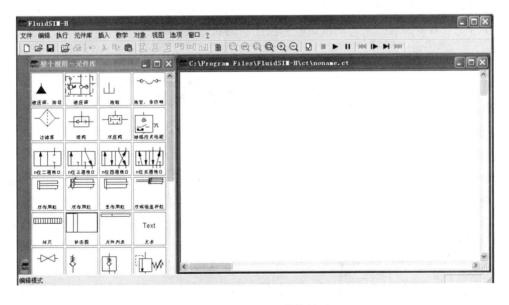

图 7-5 FluidSIM 软件界面

2）FluidSIM 软件的应用

（1）对现有回路进行仿真。

FluidSIM 软件安装盘中含有许多回路图，可作为演示和学习资料。单击按钮 或在"文件"菜单下，执行"浏览"命令，将弹出包含现有回路图的浏览窗口，如图 7-6 所示。双击所要选择的回路，即可打开该回路，单击按钮 ▶ 或在"执行"菜单下执行"启动"命令，即可对该回路进行仿真。

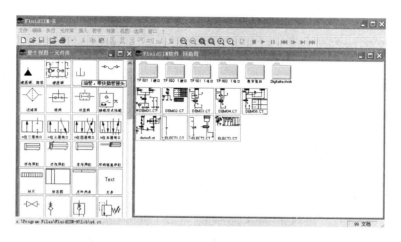

图 7-6　回路图的浏览窗口

（2）自行设计回路进行仿真。

通过单击按钮□或在"文件"菜单下执行"新键"命令，新建空白绘图区域，以打开一个新窗口，如图 7-7 所示。用户可以用鼠标从元件库中将元件"拖动"和"放置"到绘图区域。以图 7-7 为例，回路中我们采用一个双作用式液压缸、一个两位四通的电磁换向阀和一个溢流阀，双击各液压元件可改变它们的属性，换向阀的电磁铁的通断电靠左侧图上的电气开关来控制，右侧的状态图记录液压缸和换向阀的状态量。

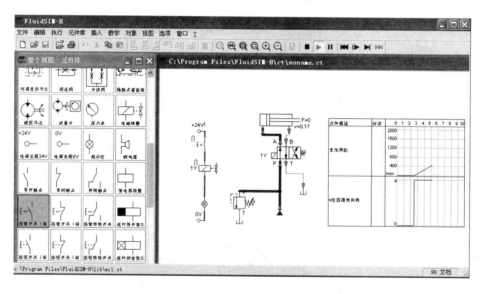

图 7-7　自行设计回路仿真

具体操作如下：

① 从元件库中将元件"拖动"和"放置"到绘图区域。

将鼠标指针移动到元件库中的元件上，这里将鼠标指针移动到双作用液压缸上，按下鼠标左键，在保持鼠标左键按下期间，移动鼠标指针，鼠标指针由箭头 ↳ 变为四方向箭头交叉✛形式，元件外形随鼠标指针的移动而移动。将鼠标指针移动到绘图区域，释放鼠标左键，则液压缸就被放到绘图区域。采用这种方法可以从元件库中"拖动"每个元件，并将其放到绘图区域中的期望位置上。采用同样的方法，也可以重新布置绘图区域中的元件。

　　② 换向阀参数设置。

　　将两位四通换向阀拖至绘图区域。为确定换向阀的驱动方式，双击换向阀，弹出如图7-8所示的控制阀参数设置对话框。换向阀两端的驱动方式可以单独定义，其可以是一种驱动方式，也可以为多种驱动方式，如"手动"、"机控"或"气控/电控"。单击驱动方式下拉菜单右边向下箭头可以设置驱动方式，若不希望选择驱动方式，则应直接从驱动方式下拉菜单中选择空白符号。

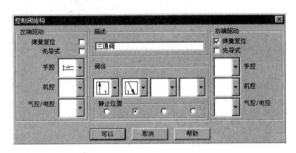

图 7-8　控制阀参数设置对话框

　　③ 元件连接。

　　在编辑模式下，当将鼠标指针移至液压缸接口上时，其形状变为十字线圆点形式⟡。按下鼠标左键并保持鼠标左键被按下状态，移动鼠标指针，将鼠标指针移动到换向阀口上时，鼠标指针形状变为十字线圆点箭头向内形式⟐，释放鼠标左键。采用这种方法可以将各个元件连接起来，构成完整的液压回路。

　　④ 回路仿真。

　　单击按钮▶或在"执行"菜单下执行"启动"命令，或按下功能键 F9，FluidSIM 软件切换到仿真模式，启动回路图仿真。当处于仿真模式时，鼠标指针形状变为手形🖑。可通过液压回路的仿真运行来检查液压回路是否正确。

　　单击按钮■或者在"执行"菜单下执行"停止"命令，可以将当前回路图由仿真模式切换到编辑模式。将回路图由仿真模式切换到编辑模式时，所有元件都将被置回"初始状态"。

　　（3）演示文稿。

　　FluidSIM 软件安装盘上有许多备好的演示文稿。另外，通过 FluidSIM 软件还可以编辑或新建演示文稿。在"教学"菜单下，执行"演示文稿"命令，可以找到所有演示文稿，如图 7-9 所示。

　　（4）播放教学影片。

　　FluidSIM 软件光盘含有 15 个教学影片，每个影片长度为 1～10 分钟，内容覆盖了电气-液压技术的一些典型应用领域。在"教学"菜单下，执行"教学影片"命令，弹出如图7-10 所示的对话框。

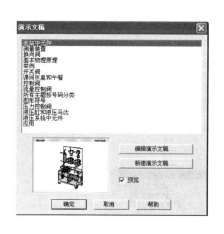

图 7 - 9　软件自备演示文稿　　　　　图 7 - 10　软件自带教学影片

3. 利用 FluidSIM 软件进行回路仿真

按照任务给定图纸，在电脑上利用 FluidSIM 软件进行回路仿真，验证其可行性。

二、任务评价

序号	考 核 点	教 师 评 价	配分	得分
1	液压元件图形符号认知		30	
2	绘图区内布局是否合理		10	
3	元件连接线路是否正确		20	
4	软件仿真结果是否正确		30	
5	实训场地整理		10	

【知识检测】

1. 图 7 - 11 所示为采用液控单向阀双向锁紧的回路，其液压缸是如何实现双向锁紧的？为什么换向阀的中位机能采用 H 型？

2. 不同操纵方式的换向阀组成的换向回路各有什么特点？

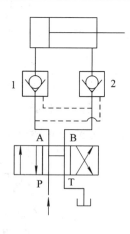

图 7 - 11　液压锁紧回路

学习情境 8 压力控制回路

【任务描述】

分析如图 8-1 所示的压力控制回路，明确其各组成元件，利用 FluidSIM 软件完成回路的绘制并进行仿真，验证回路的正确性，然后通过实训台进行回路组装和调试。

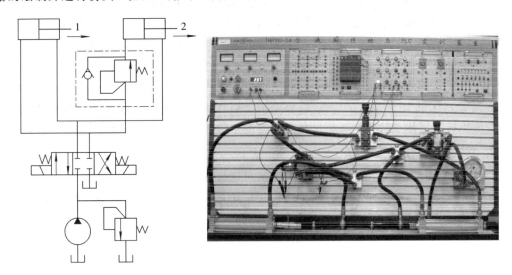

图 8-1 压力控制回路及组装图

【任务分析】

要想了解液压系统中执行元件是如何驱动负载的，以及整个系统在工作中如何达到调压、减压、增压、卸荷、保压以及平衡的目的，就应了解常见压力控制回路的构成、工作特点及工作中的注意事项。

【任务目标】

(1) 掌握压力控制回路的工作原理和常见类型；
(2) 熟悉常见的压力控制回路。

【相关知识】

压力控制回路主要是利用压力控制阀来控制液压系统整体和某一部分的压力，以满足液压系统中执行元件驱动负载的要求，保证系统安全的回路。这类回路包括调压、减压、增压、卸荷、保压以及平衡等多种回路。

一、调压回路

调压回路的功用是调定或限制液压系统的最高工作压力，或使执行元件在工作过程中不同阶段实现多级压力变换。为使系统的压力与负载相适应并保持稳定，或为了安全而限定系统的最高压力，都要用到调压回路。

在定量泵系统中，一般用溢流阀来调节并稳定系统的工作压力。在变量泵系统中，通过改变泵的排量来调节系统的工作压力，溢流阀用于调节系统的安全压力值，起系统过载保护作用。关于溢流阀的溢流稳压、远程调压与安全保护等在前面已有实例，下面介绍两种调压回路。

1. 多级调压回路

多级调压回路如图 8-2(a)所示。该回路是由三个溢流阀组成的三级调压回路。当两个电磁铁均不通电时，系统压力由阀 1 调定；当 1YA 通电时，系统压力由阀 2 调定；当 2YA 通电时，系统压力由阀 3 调定。在这种调压回路中，阀 2 和阀 3 的调定压力一定要小于阀 1 的调定压力，而阀 2 和阀 3 的调定压力之间没有一定的关系。图中液压泵最大工作压力随三位四通阀左、中、右位置不同而分别由远程调压阀 2、3 和溢流阀 1 调定。三个阀在调整时必须保证 $p_2 < p_1$、$p_3 < p_1$ 且 $p_2 \neq p_3$，以保证实现三级调压。这种回路可用于注塑机、液压机等液压系统中，以实现在不同的工作阶段液压系统可得到不同的压力等级。

2. 双向调压回路

双向调压回路如图 8-2(b)所示。活塞向右运行时为工作行程，液压泵最大工作压力由溢流阀 1 调定，当活塞向左运行时为空行程，液压泵最大工作压力由溢流阀 2 调定，阀 2 的调整压力小于阀 1 的调整压力。当执行元件往返行程需不同的供油压力时，可采用此双向调压回路。

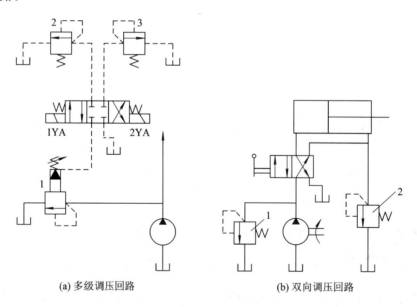

(a) 多级调压回路　　　　　　(b) 双向调压回路

图 8-2　调压回路

二、减压回路

减压回路的作用是使系统中的某一部分油路或某个执行元件获得比系统压力低的稳定压力，机床的工件夹紧、导轨润滑及液压系统的控制油路常需要减压回路。

1. 一级减压回路

图 8-3(a)所示为一级减压回路。图中，液压缸 5 的工作压力比液压缸 4 的工作压力高，为使液压缸 4 能够正常工作，在回路中并联了一个减压阀 3，使液压缸 4 得到一稳定的、比液压缸 5 压力低的压力。

2. 二级减压回路

图 8-3(b)所示为用于工件夹紧的二级减压回路。图中，工作缸的压力由溢流阀调节，夹紧缸所需的低压由主减压阀调定，二级低压由主减压阀后的先导调压阀实现。为使减压回路工作可靠，减压阀的调定压力至少应比主系统工作压力低 0.5 MPa，通常减压阀后要设置单向阀，以防止系统压力降低时油液倒流，并可短时保压。为确保安全，应采用失电夹紧的电磁换向阀，以防止在电路出现故障时松开工件造成事故。

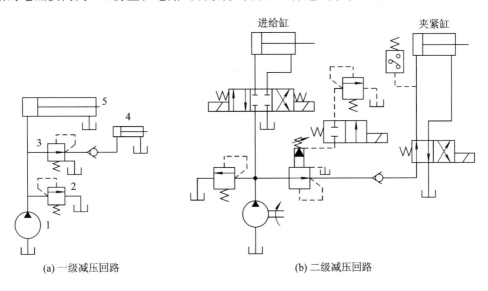

(a) 一级减压回路　　　　　　　　　(b) 二级减压回路

图 8-3　减压回路

三、增压回路

增压回路的作用是在系统的整体工作压力较低的情况下，提高系统中某一支路的工作压力，以满足局部工作机构的需要，这样可以节省高压泵，降低能源消耗。增压回路中提高压力的主要元件是增压缸或增压器。

1. 单作用增压缸的增压回路

图 8-4(a)所示为单作用增压器的增压回路。其工作原理如下：当换向阀处于右位时，增压器 1 的输出压力为 $p_2 = p_1 \dfrac{A_1}{A_2}$ 的压力油进入工作缸 2；当换向阀处于左位时，工作缸 2 靠弹簧力回程，高位油箱 3 的油液在大气压力的作用下经油管顶开单向阀，从而向增压器 1 右腔补油。这种增压回路适用于单向作用力大、行程小、作业时间短的场合，如制动器、离合器等。采用这种增压方式液压缸不能获得连续稳定的高压油源。

2. 双作用增压器的增压回路

单作用增压回路只能断续供油，若需获得连续输出的高压油，就要采用双作用增压器的增压回路。如图 8-4(b)所示，当工作缸 4 向左运动遇到较大负载时，系统压力升高，油液经顺序阀 1 进入双作用增压器 2。增压器活塞不论向左或向右运动，均能输出高压油。只要换向阀 3 不断切换，增压器 2 就不断往复运动，高压油就连续经单向阀 7 或 8 进入工作缸 4 的右腔，此时单向阀 5 或 6 就有效地隔开了增压器的高低压油路。当工作缸 4 向右运动时，增压回路不起作用。这种增压回路适用于增压行程要求较长的使用场合。

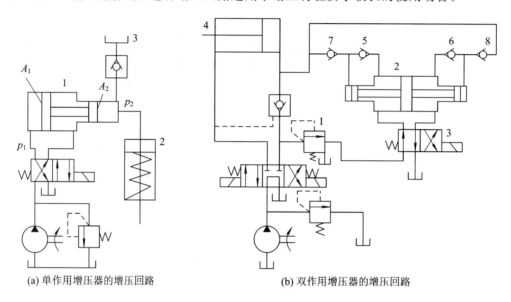

(a) 单作用增压器的增压回路   (b) 双作用增压器的增压回路

图 8-4 增压回路

四、卸荷回路

卸荷回路是在系统执行元件短时间不工作时，不频繁启停驱动泵的原动机，而使泵在很小的输出功率下运转的回路。所谓卸荷，就是使液压泵在输出压力接近为零的状态下工作。因为泵的输出功率等于压力和流量的乘积，因此卸荷的方法有两种：一种是将泵的出口直接接回油箱，泵在零压或接近零压下工作；另一种是使泵在零流量或接近零流量下工作。前者称为压力卸荷，后者称为流量卸荷。流量卸荷仅适用于变量泵。

卸荷回路的作用是在液压泵不停止转动的情况下，使液压泵在零压或在很低压力下运转，以减少系统的功率损耗和噪声，延长泵的工作寿命。下面介绍几种常见的压力卸荷回路。

1. 利用换向阀中位机能的卸荷回路

定量泵利用三位换向阀的 M 型、H 型、K 型等中位机能，可构成卸荷回路。图 8-5 (a)所示是采用 M 型中位机能电磁换向阀的卸荷回路。当执行元件停止工作时，使换向阀处于中位，液压泵与油箱连通实现卸荷。这种回路切换时压力冲击小，但回路中必须设置单向阀，其作用是在泵卸荷时仍能提供一定的控制油压(0.5 MPa 左右)，以保证电液换向阀能够正常进行换向。

图 8-5(b)所示是用两位两通电磁换向阀组成的卸荷回路,当两位两通阀的电磁铁断电时,阀左位工作,则泵的出油口通过阀和油箱相连,泵在低压下运转,处于卸荷状态。

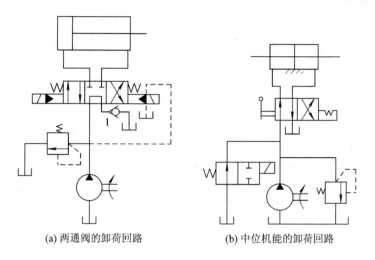

(a) 两通阀的卸荷回路　　　　(b) 中位机能的卸荷回路

图 8-5　卸荷回路

2. 利用溢流阀组成的卸荷回路

图 8-6 所示是利用溢流阀组成的卸荷回路。当两位两通电磁阀的电磁铁通电时,先导型溢流阀的远程控制口通过此阀和油箱相通,使泵在阀的卸荷压力下运转而处于卸荷状态。采用先导型溢流阀实现卸荷的方法效果较好,可用于大流量的液压回路中。

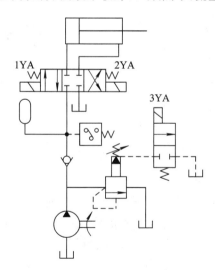

图 8-6　溢流阀的卸荷回路

五、保压回路

在液压系统中,常要求液压执行机构在一定的行程位置上停止运动或在有微小的位移下稳定地维持住一定的压力,这就要采用保压回路。

最简单的保压回路是密封性能较好的液控单向阀的回路,但是,阀类元件处的泄漏使得这种回路的保压时间不能维持太久。常用的保压回路有以下几种：

1. 利用蓄能器的保压回路

图 8-7(a)所示是用蓄能器保压的回路。系统工作时，电磁换向阀 6 的左位通电，主换向阀左位接入系统，液压泵向蓄能器和液压缸左腔供油，并推动活塞右移，压紧工件后，进油路压力升高，升至压力继电器调定值时，压力继电器发信号使二位二通电磁阀 3 通电，通过先导式溢流阀使泵卸荷，单向阀自动关闭，液压缸则由蓄能器保压。蓄能器的压力不足时，压力继电器复位使泵重新工作。保压时间的长短取决于蓄能器的容量，调节压力继电器的通断区间即可调节缸中压力的最大值和最小值。这种回路既能满足保压工作需要，又能节省功率，减少系统发热。

图 8-7(b)所示为多缸系统一缸保压的回路。进给缸快进时，泵压下降，但单向阀 8 关闭，把夹紧油路和进给油路隔开。蓄能器 5 用来给夹紧缸保压并补充泄漏，压力继电器 4 的作用是夹紧缸压力达到预定值时发出信号，使进给缸动作。

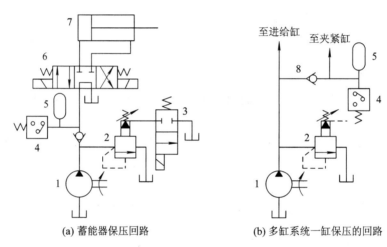

(a) 蓄能器保压回路　　　　　　　(b) 多缸系统一缸保压的回路

1—液压泵；2—先导型溢流阀；3—二位二通电磁阀；4—压力继电器；
5—蓄能器；6—三位四通电磁换向阀；7—液压缸；8—单向阀

图 8-7　利用蓄能器的保压回路

2. 利用液压泵的保压回路

如图 8-8 所示，在回路中增设一台小流量高压补油泵 10，组成双泵供油系统。当液压缸加压完毕要求保压时，由压力继电器 7 发信号，换向阀 3 处于中位，主泵 1 卸载，同时二位二通换向阀 8 处于上位，由高压补油泵 10 向封闭的保压系统供油，维持系统压力稳定。由于高压补油泵只需补偿系统的油液泄漏量，因此可选用小流量泵，功率损失小。

3. 利用液控单向阀的保压回路

如图 8-9 所示，当液压缸 7 上腔压力达到保压数值时，压力继电器发出电信号，三位四通电磁换向阀 3 回到中位，泵 1 卸荷，液控单向阀 6 立即关闭，液压缸 7 上腔油压依靠液控单向阀内锥阀关闭的严密性来保压。

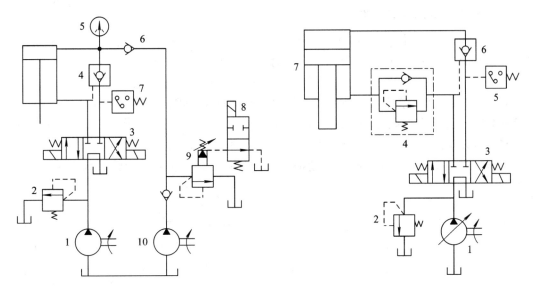

图 8-8 用高压补油泵的保压回路　　　图 8-9 采用液控单向阀的保压回路

六、平衡回路

平衡回路的作用是防止立式液压缸及其工作部件在悬空停止期间因自重而下滑，或在下行运动中由于自重而造成失控超速的不稳定运动。通常在垂直或倾斜的液压缸的下行回油路上串联一个产生适当背压的元件（单向顺序阀或液控单向阀），以便与自重平衡，并起限速作用。

1. 采用单向顺序阀的平衡回路

图 8-10(a) 所示为采用单向顺序阀的平衡回路。图中，在垂直放置的液压缸的下腔串接一单向顺序阀，回油经顺序阀流出，回油背压由顺序阀调定，顺序阀的调定压力应稍大于工作部件在液压缸下腔产生的压力，以达到过平衡，这样，由于顺序阀的存在，可以防止液压缸因自重而下滑。但该种平衡回路的缺点是闭锁不严，活塞不能长期停留在任意位置上，且当自重较大时，顺序阀调定压力较高，活塞下行时功率损失较大，故这种回路只用于工作部件重量不太大、活塞锁住时定位要求不高的场合。

2. 采用液控顺序阀的平衡回路

图 8-10(b) 所示为采用液控顺序阀的平衡回路。当活塞下行时，控制压力油打开液控顺序阀，背压消失，因而回路效率较高；当停止工作时，液控顺序阀关闭以防止活塞和工作部件因自重而下降。

这种平衡回路的优点是只有上腔进油时，活塞才下行，比较安全可靠；缺点是活塞下行时平稳性较差。这是因为活塞下行时，液压缸上腔油压降低，将使液控顺序阀关闭。当顺序阀关闭时，因活塞停止下行，使液压缸上腔油压升高，又会打开液控顺序阀，液控顺序阀始终工作于启停的过渡状态中，使液压缸出现"点头"现象，影响工作的平稳性。为防止这种现象，常在顺序阀的外控口上加节流阀。这种平衡回路也存在闭锁不严现象，活塞不能长期停留在任意位置上。

3. 液控单向阀的平衡回路

图 8 - 10(c)是采用液控单向阀的平衡回路。由于液控单向阀是锥面密封，泄漏量小，故其闭锁性能好，活塞能够较长时间停止不动。回油路上串联单向节流阀，以保证下行运动的平稳。

如果回油路上没有节流阀，则活塞下行时液控单向阀被进油路上的控制油打开，回油腔没有背压，运动部件因自重而加速下降，造成液压缸上腔供油不足而失压，液控单向阀因控制油路失压而关闭。液控单向阀关闭后控制油路又建立起压力，该阀再次被打开。液控单向阀时开时闭，使活塞在向下运动的过程中时走时停，从而会导致系统产生振动和冲击。

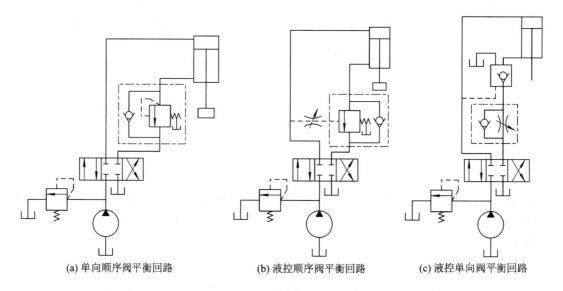

(a) 单向顺序阀平衡回路   (b) 液控顺序阀平衡回路   (c) 液控单向阀平衡回路

图 8 - 10 平衡回路

【任务实施】

一、液压回路组装及调试

1. 实训目的

通过对回路的组装和调试，进一步熟悉各种压力控制回路的组成，加深对回路性能的理解；加深认识各种压力控制元件的工作原理、基本结构、使用方法和在回路中的作用；培养安装、连接和调试液压系统回路的实践能力。

2. 认识 THPYC - 1A 型液压传动与 PLC 实训装置

图 8 - 11 所示为 THPYC - 1A 型液压传动与 PLC 实训装置。该实训装置集真实的液压元件、各执行模块、继电器控制单元、PLC 编程及 MCGS 组态监控技术于一体。各个液压元件成独立模块，均装有带弹性插脚的底板，实训时可在通用铝型材板上组装成各种液压系统回路。液压回路采用快速接头，电控回路采用带防护功能的专用实训连接导线。液压回路可采用独立的继电器控制单元进行电气控制，也可采用 PLC 控制，通过比较，突出

PLC 控制的优越性；该装置带有电流型漏电保护，对地漏电电流超过 30 mA 即切断电源。电气控制采用直流 24 V 电源，并带有过流保护，防止误操作损坏设备；三相电源采用断相、相序保护，当断相或相序改变后，切断回路电源，以防止电机反转而损坏油泵；系统额定压力为 6.3 MPa，当超越此值时，自动卸荷。

配套液压元件齐全，学生可自行组合液压回路及控制系统，也可自行设计较为复杂的应用系统，能锻炼学生理论结合实际的思考能力及动手能力，具有很强的实训性。

图 8 - 11　液压实训装置

3. 实训步骤

图 8 - 12 所示为双向调压回路。参照液压回路图，选择所需的元件，进行管路连接并对回路进行调试。操作步骤如下：

第一步，参照液压回路图，找出所需的液压元件；

第二步，参照液压回路图，在实验台上布置好各元器件的大体位置；

第三步，参照液压回路图，将安装好的元件用油管进行正确的连接；

第四步，按图纸组装系统回路，并检查其可靠性；

第五步，接通主油路，让溢流阀全开，启动泵，再将溢流阀的开度逐渐减小，调试回路，观察各缸的动作情况；

第六步，验证结束，拆除回路，清理元件及试验台。

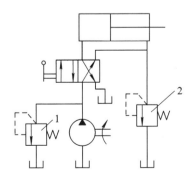

图 8 - 12　双向调压回路

二、任务评价

序号	考 核 点	教 师 评 价	配分	得分
1	液压回路图中液压元件认知		15	
2	液压元件选择正确		20	
3	系统布局合理		10	
4	元件连接正确		20	
5	系统调压正确		20	
6	安全操作及场地整理		15	

【知识检测】

1. 液压系统中为什么要设置背压回路？在什么情况下需要使用保压回路？

2. 什么是平衡回路？背压回路与平衡回路有何区别？

3. 卸荷回路有什么功能？

4. 调压回路有哪几类？

学习情境 9　速度控制回路

【任务描述】

分析如图 9-1 所示的速度控制回路,应用仿真软件调试各类速度控制回路,并在实训台上进行组装,通过电气控制回路进行调试。

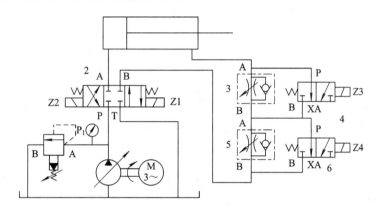

图 9-1　速度控制回路

【任务分析】

要想熟悉液压系统中执行元件运动速度的调节原理,就应了解常见速度控制回路的类型、工作特点及工作中的注意事项。同时还要运用学过的电气控制技术进行正确连接并控制部分线路。

【任务目标】

(1) 掌握节流调速回路的调速原理及分类;
(2) 掌握容积调速回路的调速原理及分类;
(3) 掌握容积节流调速回路的调速原理及分类;
(4) 掌握常见快速回路的工作原理及分类;
(5) 掌握常见速度换接回路的工作原理及分类。

【相关知识】

速度控制回路是用来控制调节执行元件的运动速度的一种液压基本回路。常用的速度控制回路有调速回路、快速运动回路、速度换接回路等。

一、调速回路

1. 调速回路的基本原理

在液压传动系统中,执行元件主要是液压缸和液压马达。在不考虑液压油的压缩性和

元件泄漏的情况下,液压缸的运动速度 v 取决于流入或流出液压缸的流量及相应的有效工作面积,即

$$v = \frac{q}{A} \tag{9-1}$$

由式(9-1)可知,要调节液压缸的工作速度,可以改变输入执行元件的流量 q,也可以改变执行元件的有效工作面积 A。对于确定的液压缸来说,改变其有效工作面积是比较困难的,因此,通常选择改变液压缸的输入流量。

液压马达的转速 n_M 由进入马达的流量 q 和马达的排量 V_M 决定,即

$$n_M = \frac{q}{V_M} \tag{9-2}$$

由式(9-2)可知,可以改变输入液压马达的流量 q,或改变变量马达排量 V_M 来控制液压马达的转速。

为了改变进入执行元件的流量,可采用定量泵和溢流阀构成恒压源与流量控制阀的方法,也可以采用变量泵供油的方法。目前,调速回路主要有以下的三种调速方式:节流调速回路、容积调速回路和容积节流调速回路。

2. 调速回路的基本特性

调速回路的基本特性有调速特性、机械特性和功率特性三类,它们基本上决定了系统的性能、特点和用途。

1)调速特性

回路的调速特性用回路的调速范围来表征。所谓调速范围,是指执行元件在某负载下可能得到的最高工作速度与最低工作速度之比:

$$R = \frac{v_{max}}{v_{min}} \tag{9-3}$$

各种调速回路可能的调速范围是不同的,人们希望能在较大的范围内调节执行元件的速度,在调速范围内能灵敏、平稳地实现无级调速。

2)机械特性

机械特性即速度-负载特性,它是调速回路中执行元件运动速度随负载而变化的性能。一般执行元件运动速度随负载增大而降低。图9-2所示为某调速回路中执行元件的速度-负载特性曲线。速度受负载影响的程度,常用速度刚度来描述。

速度刚度定义为负载对速度的变化率的负值,即

$$K_v = -\frac{\Delta F}{\Delta v} = -\frac{1}{\tan\alpha} \tag{9-4}$$

速度刚度的物理意义是:负载变化时,调速

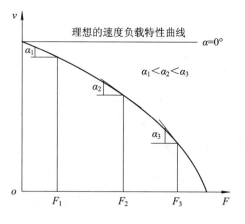

图9-2 速度-负载特性曲线

回路抵抗速度变化的能力,亦即引起单位速度变化时负载力的变化量。从图9-2可知,速度刚度是速度-负载特性曲线上某点处斜率的倒数。在特性曲线上某处的斜率越小,速度

刚度越大，亦即机械特性越硬，执行元件工作速度受负载变化的影响就越小，运动平稳性越好。

3）功率特性

调速回路的功率特性包括回路的输入功率、输出功率、功率损失和回路效率，一般不考虑执行元件和管路中的功率损失。这样，便于从理论上对各种调速回路进行比较。功率特性好，即能量损失小，效率高，油液发热少。

3. 三种调速回路

1）节流调速回路

节流调速回路采用定量泵供油，通过改变流量控制阀通流面积的大小，来调节流入或流出执行元件的流量实现调速，多余的流量由溢流阀溢流回油箱。根据流量控制阀在回路中的位置不同，可分为进油路节流调速回路、回油路节流调速回路和旁油路节流调速回路。前两种节流调速回路中的进油压力由溢流阀调定而基本不随负载变化，又称为定压式节流调速回路；旁油路节流调速回路中的进油压力会随负载的变化而变化，又称为变压式节流调速回路。

（1）进油路节流调速回路。

进油路调速回路是将流量控制阀串联在液压执行元件的进油路上来实现调速的回路。如图 9-3（a）所示，将节流阀串联在液压缸的进油路上，液压泵输出的油液大部分经节流阀进入液压缸工作腔推动活塞运动，多余的油液经溢流阀流回油箱。由于溢流阀经常处于溢流状态，因此可以保持液压泵的出口压力 p_P 基本恒定，形成溢流定压。只要调节节流阀的通流面积，就可实现调节通过节流阀的流量，从而调节液压缸的运动速度。

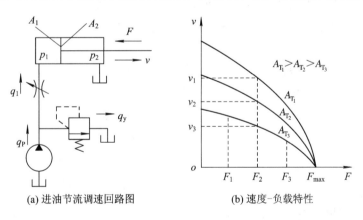

(a) 进油节流调速回路图　　　(b) 速度-负载特性

图 9-3　进油路节流调速回路

① 速度负载特性。液压缸要克服负载 F 而运动，其工作腔的油液必须具有一定的工作压力，即稳定工作时活塞的受力平衡方程为

$$p_1 A_1 = p_2 A_2 + F \qquad (9-5)$$

式中：p_1、A_1——液压缸进油腔的压力和有效作用面积；

p_2、A_2——液压缸回油腔的压力和有效作用面积；

F——液压缸的负载；

当回油腔直接通油箱时，可设 $p_2 = 0$，故液压缸无杆腔压力为

$$p_1 = \frac{F}{A_1} \tag{9-6}$$

这说明液压缸工作压力 p_1 取决于负载，随负载变化。

经节流阀进入液压缸的流量为

$$q_1 = KA_T \Delta p^m = KA_T \left(p_P - \frac{F}{A_1} \right)^m \tag{9-7}$$

式中：A_T——节流阀的通流面积；

K、m——节流系数及由孔口形状决定的指数；

Δp——节流阀两端的压力差，$\Delta p = p_P - p_1 = p_P - \dfrac{F}{A_1}$。

液压缸的运动速度为

$$v = \frac{q_1}{A_1} = \frac{KA_T \left(p_P - \dfrac{F}{A_1} \right)^m}{A_1} \tag{9-8}$$

式(9-8)称为进油路节流调速回路的速度-负载特性方程。由式(9-8)可知，液压缸的运动速度 v 与节流阀的通流截面 A_T 成正比。调节 A_T 即可实现无级变速。这种回路的调速范围比较大，最高速度比为 100 左右。

图 9-3(b)所示为进油节流调速回路的速度-负载特性曲线，它是根据进油节流调速回路在节流阀的不同开口情况绘制出来的。从图可以看出，当节流阀通流面积 A_T 一定时，负载 F 越大的区域，曲线越陡，速度刚度越差；而在相同负载下工作时，A_T 越大，速度刚度越小，即速度高时速度刚度差。所以这种回路只适用于低速、轻载的场合。

由式(9-8)可知，无论 A_T 为何值，当 $F = p_P A_1$ 时，节流阀两端压力差 $\Delta p = 0$，活塞停止运动($v=0$)，液压泵输出的流量全部经溢流阀流回油箱，所以进油路节流调速回路的最大载荷 $F_{max} = p_P A_1$。

② 功率特性。在进油路节流调速回路中，由于液压泵出口压力 p_P 由溢流阀调定基本为一定值，因此液压泵的输出功率 P_P 为一常量(因为液压泵的流量 q_P 也一定)。液压泵的输出功率为

$$P_P = p_P q_P = 常量 \tag{9-9}$$

液压缸的输出功率为

$$P_1 = Fv = F \frac{q_1}{A_1} \tag{9-10}$$

该回路的功率损失为

$$\begin{aligned}
\Delta P &= P_P - P_1 = p_P q_P - p_1 q_1 \\
&= p_P (q_1 + \Delta q) - (p_P - \Delta p) q_1 \\
&= p_P \Delta q + \Delta p q_1
\end{aligned} \tag{9-11}$$

式中：Δq——通过溢流阀的溢流量，$\Delta q = q_P - q_1$。

由式(9-11)可知，该调速回路的功率损失由溢流功率损失和节流功率损失两部分组成。该回路的效率为

$$\eta = \frac{P_1}{P_P} = \frac{Fv}{p_P q_P} = \frac{p_1 q_1}{p_P q_P} \tag{9-12}$$

由于存在两部分功率损失，因此该调速回路的效率较低。当负载恒定或变化很小时，η 为 0.2～0.6；当负载变化时，回路的效率 $\eta_{max}=0.385$。为了提高效率，实际工作中应尽量使液压泵的流量 q_P 接近液压缸的流量 q_1。特别是当液压缸需要快速和慢速两种运动时，应采用双泵供油。

（2）回油路节流调速回路。

回油路节流调速回路是将流量控制阀串联在液压执行元件的回油路上来实现调速的回路。如图 9-4 所示，将节流阀串联在液压缸的回油路上，通过调节它的通流面积来控制从液压缸回油腔流出的流量，从而实现对液压缸的运动速度的调节。

回油节流阀调速与进油节流阀调速的速度-负载特性基本相同，若缸两腔的有效面积相同，则两种节流阀调速回路的速度-负载特性就完全一样了。因此，前面对进油节流阀调速回路的分析和结论都适用于本回路。

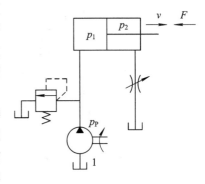

图 9-4　回油路节流调速回路

虽然进油节流调速回路与回油节流调速回路的流量特性和功率特性基本相同，但也在某些方面有不同之处，主要有以下几点：

① 承受负负载的能力不同。回油节流调速回路的节流阀使液压缸的回油腔形成一定的背压（$p_2 \neq 0$），因而能承受负负载（负负载是与活塞运动方向相同的负载），并提高了液压缸的速度平稳性。而进油节流调速回路则要在回油路上设置背压阀后，才能承受负负载，但是需要提高调定压力，功率损失大。

② 实现压力控制的难易程度不同。进油节流调速回路容易实现压力控制。当工作部件在行程终点碰到死挡铁后，缸的进油腔压力会上升到等于泵的供油压力，利用这个压力变化，可使并联于此处的压力继电器发出信号，实现对系统的动作控制。回油节流调速时，液压缸进油腔压力没有变化，难以实现压力控制。虽然工作部件碰到死挡铁后，缸的回油腔压力下降为零，可利用这个变化值使压力继电器失压复位，对系统的下步动作实现控制，但可靠性差，一般不采用。

③ 调速性能不同。若回路使用单杆缸，则无杆腔进油流量大于有杆腔回油流量。故在缸径、缸速相同的情况下，进油节流调速回路的节流阀开口较大，低速时不易堵塞。因此，进油节流调速回路能获得更低的稳定速度。

④ 停车后的启动性能不同。长期停车后液压缸内的油液会流回油箱，当液压泵重新向缸供油时，在回油节流阀调速回路中，由于进油路上没有节流阀控制流量，因此活塞会出现前冲现象；而在进油节流阀调速回路中，活塞前冲很小，甚至没有前冲。

为了提高回路的综合性能，一般常采用进油节流阀调速，并在回油路上加背压阀，使其兼有二者的优点。

（3）旁油路节流调速回路。

旁油路节流调速回路是将流量控制阀安装在液压执行元件的进油路和回油路之间来实现调速的回路。图 9-5(a)所示为采用节流阀的旁油路节流调速回路，节流阀安装在与液压缸并联的旁油路上。节流阀调节液压泵溢流回油箱的流量，控制了进入液压缸的流量，从而实现了对液压缸的调速。液压泵输出的流量分为两部分：一部分进入液压缸，另一部分通过节流阀流回油箱。溢流阀在这里起安全阀的作用，回路正常工作时，溢流阀关闭，当供油压力超过正常工作压力时，溢流阀才打开，以防过载。溢流阀的调节压力为最大工作压力的 $1.1\sim1.2$ 倍。液压泵输出的压力取决于负载，负载变化将引起液压泵工作压力的变化，所以该回路也称为变压式节流调速回路。

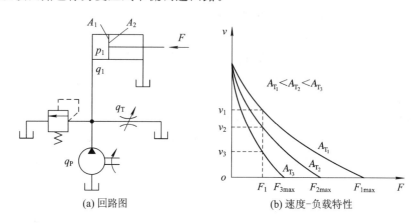

(a) 回路图　　　　　　　　(b) 速度-负载特性

图 9-5　旁油路节流调速回路

① 速度-负载特性。在工作过程中，定量泵的压力随负载而变化。设泵的理论流量为 q_T，泵的泄漏系数为 K_1，则旁油节流阀调速回路的速度-负载特性公式为

$$v=\frac{q_1}{A_1}=\frac{q_T-K_1\dfrac{F}{A_1}-KA_T\left(\dfrac{F}{A_1}\right)^m}{A_1} \qquad (9-13)$$

根据式(9-13)选用不同的 A_T 值可绘制出一组速度-负载特性曲线，如图 9-5(b)所示。由速度-负载特性曲线可知，当节流阀通流面积一定而负载增大时，执行元件速度显著下降，即特性很软，速度稳定性差。但当节流阀通流面积一定时，负载越大，速度刚性越大；当负载一定时，节流阀通流面积越小，速度刚性越大。因而该回路适用于高速重载的场合。其最大承载能力随节流口 A_T 的增加而减小，即旁路节流调速回路的低速承载能力很差，调速范围也小。同时该回路最大承载能力还受溢流阀的安全压力值的限制。

② 功率特性。旁油路节流调速回路只有节流损失而无溢流损失，液压泵的输出压力随负载而变化，即节流损失和输入功率随负载而变化，比前两种节流调速回路的效率高。这种回路只有节流损失而无溢流损失；泵压随负载的变化而变化，节流损失和输入功率也随负载变化而变化。因此，本回路比前两种回路效率高。

由于本回路的速度-负载特性很软，低速承载能力差，因此其应用比前两种回路少，只用于高速、重载、对速度平稳性要求不高的较大功率的系统，如牛头刨床主运动系统、输送机械液压系统等。

2) 容积调速回路

容积调速回路是通过改变变量液压泵或变量液压马达的排量来实现调速的回路。其主要优点是没有溢流损失和节流损失，功率损失小，工作压力随负载变化而变化，所以效率高，发热少，适用于高速、大功率系统；缺点是变量泵和变量马达的结构复杂，成本较高。

容积调速回路根据油液的循环方式有开式回路和闭式回路两种。在开式回路中，液压

泵从油箱吸油，执行元件的回油直接回油箱，油液能得到较好的冷却，便于沉淀杂质和析出气体，但油箱体积大，空气和污染物侵入油液的机会增加，侵入后影响系统的正常工作。在闭式回路中，执行元件的回油直接与泵的吸油腔相连，结构紧凑，只需较小的补油箱，空气和脏物不易混入回路，但油液的散热条件差。为了补偿回路中的泄漏并进行换油冷却，需附设补油泵。

容积调速回路按照动力元件与执行元件的不同组合可以分为变量泵和定量执行元件的容积调速回路，定量泵和变量马达的容积调速回路以及变量泵和变量马达的容积调速回路三种基本形式。

（1）变量泵和定量执行元件的容积调速回路。

图9-6所示是变量泵和定量执行元件组成的容积调速回路。其中图(a)所示为变量泵和液压缸组成的开式回路，图(b)所示为变量泵和定量马达组成的闭式回路。显然，改变变量泵的排量即可调节液压缸的运动速度和液压马达的转速。两图中的溢流阀2、4均起安全阀作用，用于防止系统过载；单向阀2、3用来防止停机时油液倒流入油箱和空气进入系统。

这里重点讨论变量泵和定量马达容积调速回路。在图9-6(b)中，为了补偿泵3和马达5的泄漏，增加了补油泵1。补油泵1将冷油送入回路，而从溢流阀6溢出回路中多余的热油，进入油箱冷却。补油泵的工作压力由溢流阀6来调节。补油泵的流量为主泵的10%～15%，工作压力为0.5～1.4 MPa。

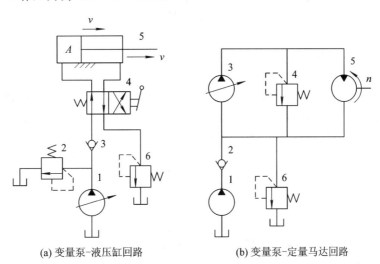

(a) 变量泵-液压缸回路　　　　　　　(b) 变量泵-定量马达回路

图9-6　变量泵和定量执行元件的容积调速回路

① 速度-负载特性。在图9-6(b)所示的回路中，引入泵和马达的泄漏系数，不考虑管道的泄漏和压力损失时，可得此回路的速度-负载特性方程为

$$n_{\mathrm{M}} = \frac{q_{\mathrm{P}}}{V_{\mathrm{M}}} = \frac{V_{\mathrm{P}} n_{\mathrm{P}} - k_1 p_{\mathrm{P}}}{V_{\mathrm{M}}} = \frac{V_{\mathrm{P}} n_{\mathrm{P}} - k_1 \dfrac{2\pi T_{\mathrm{M}}}{V_{\mathrm{M}}}}{V_{\mathrm{M}}} \qquad (9-14)$$

式中：k_1——泵和马达的泄漏系数之和；

n_{P}——变量泵的转速；

p_P——泵的工作压力,亦即液压马达的工作压力;

V_P、V_M——变量泵、马达的排量;

n_M、T_M——马达的输出转速、输出转矩。

图 9-7(a)所示为速度-负载特性曲线图。由图可见,由于变量泵、马达有泄漏,马达的输出转速 n_M 会随负载 T_M 的加大而减小,负载增大到某值时,马达停止运动,表明这种回路在低速下的承载能力很差。所以在确定回路的最低速度时,应将这一速度排除在调速范围之外。

马达的排量是定值,因此改变泵的排量,即可改变泵的输出流量,马达的转速也随之改变。

② 转速特性。在图 9-6(b)中,若采用容积效率、机械效率表示液压泵和马达的损失及泄漏,则马达的输出转速 n_M 与变量泵排量 V_P 的关系为

$$n_M = \frac{q_P}{V_M} = \frac{V_P n_P}{V_M} \eta_{PV} \eta_{MV} \tag{9-15}$$

式中:η_{PV}、η_{MV}——泵、马达的容积效率。

马达的排量是定值,因此改变泵的排量,即可改变泵的输出流量,马达的转速也随之改变。式(9-15)也称为容积调速公式。式(9-15)表明,或改变泵的排量 V_P,或改变马达的排量 V_M,或既改变泵的排量 V_P 又改变马达的排量 V_M,都可以调节马达的输出转速 n_M。

③ 转矩特性。马达的输出转矩 T_M 与马达排量 V_M 的关系为

$$T_M = \frac{\Delta p_M V_M}{2\pi} \eta_{Mm} \tag{9-16}$$

式中:Δp_M——液压马达进出口的压差;

η_{Mm}——马达的机械效率。

式(9-16)表明,马达的输出转矩 T_M 与泵的排量 V_P 无关,不会因调速而发生变化。若系统的负载转矩恒定,则回路的工作压力 p 恒定不变(即 Δp_M 不变),此时马达的输出转矩 T_M 恒定,故此回路又称为等转矩调速回路。

④ 功率特性。马达的输出功率 P_M 与变量泵排量 V_P 的关系为

$$P_M = T_M \cdot 2\pi n_M = \Delta p_M V_M n_M \tag{9-17}$$

或者

$$P_M = \Delta p_M V_P n_P \eta_{PV} \eta_{MV} \eta_{Mm} \tag{9-18}$$

式(9-17)和式(9-18)表明,马达的输出功率 P_M 与马达的转速 n_M 成正比,亦即与泵的排量 V_P 成正比。

上述的三个特性曲线如图 9-7(b)所示。必须指出,由于泵和马达存在泄漏,所以当 V_P 还未调到零值时,n_M、T_M 和 P_M 已都为零值。这种回路调速范围大,可持续实现无级调速,一般用于机床上作直线运动的主运动(如刨床、拉床等)。

(2)定量泵和变量马达的容积调速回路。

图 9-8(a)所示为定量泵和变量马达组成的容积调速回路。在这种容积调速回路中,泵的排量 V_P 和转速 n_P 均为常数,输出流量不变,辅助泵 4,安全阀 3、5 的作用同变量泵-定量马达调速回路中的一样。该回路通过改变变量马达的排量 V_M 来改变马达的输出转速 n_M。当负载恒定时,回路的工作压力 p 和马达输出功率 P_M 都恒定不变,而马达的输出转

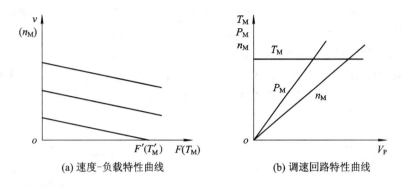

(a) 速度-负载特性曲线　　　　　(b) 调速回路特性曲线

图 9-7　变量泵-定量马达调速回路特性

矩 T_M 与马达的排量 V_M 成正比变化，马达的转速 n_M 与其排量 V_M 成反比（按双曲线规律）变化，其调速特性如图 9-8(b) 所示。从图中可知，输出功率 P_M 不变，故此回路又称恒功率调速回路。

当马达排量 V_M 减小到一定程度，输出转矩 T_M 不足以克服负载时，马达便停止转动，这样不仅不能在运转过程中采用使马达通过 V_M 点的方法来实现平稳的反向，而且其调速范围也很小，这种回路很少单独使用，仅在造纸、纺织机械的卷绕装置中有一些应用。

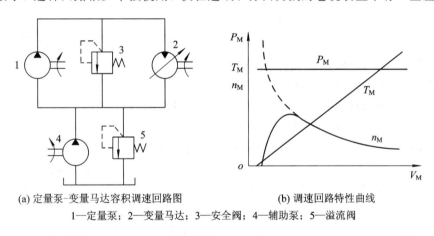

(a) 定量泵-变量马达容积调速回路图　　(b) 调速回路特性曲线
1—定量泵；2—变量马达；3—安全阀；4—辅助泵；5—溢流阀

图 9-8　定量泵-变量马达调速回路

（3）变量泵和变量马达的容积调速回路。

如图 9-9(a) 所示，由双向变量泵 1 和双向变量马达 2 等组成闭式容积调速回路。改变双向变量泵 1 的供油方向，可使双向变量马达 2 正向或反向转换。回路左侧的两个单向阀 6 和 8 用于使补油泵 4 能双向地向变量泵 1 的吸油腔补油，补油压力由溢流阀 5 调定。回路右侧的两个单向阀 7 和 9 使安全阀 3 在双向变量泵 2 的正反向运动时都能起到过载保护的作用。

这种调速回路是上述两种调速回路的组合。双向变量马达转速的调节可以分成低速和高速两段进行。调速特性如图 9-9(b) 所示。

在低速阶段，将双向变量马达的排量调到最大，使双向变量马达能够获得最大的输出转矩，然后调节双向变量泵的输出流量来调节双向变量马达的转速。在此过程中，双向变量马达的输出转矩保持恒定，相当于变量泵和定量马达的容积调速方式。

在高速阶段，使双向变量泵处于最大排量状态，然后调节变量马达的排量来调节双向变量马达的转速。随着双向变量马达转速的升高，马达的输出转矩逐渐减小，而输出功率保持恒定，这一阶段相当于定量泵和变量马达的容积调速方式。

这种容积调速回路的调速范围大，效率高，适用于大功率的场合，如矿山机械、起重运输机械以及大型卷布机等大功率机械设备的液压系统中。

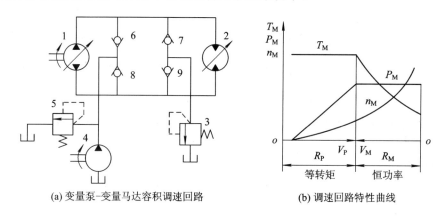

(a) 变量泵-变量马达容积调速回路　　(b) 调速回路特性曲线

图 9-9　变量泵和变量马达的容积调速回路

3）容积节流调速回路

容积节流调速回路是由变量泵和流量控制阀配合进行调速的回路。它采用变量泵供油，用流量控制阀调节进入或流出液压缸的流量来控制其运动速度，并使变量泵的输出流量自动地与液压缸所需负载流量相适应。

常用的容积节流调速回路有限压式变量泵和调速阀等组成的容积节流调速回路与压差式变量泵和节流阀等组成的容积调速回路。

（1）限压式变量泵和调速阀组成的容积节流调速回路。

图 9-10(a)所示为限压式变量泵和调速阀组成的容积节流调速回路。在这种回路中，由限压式变量泵 1 供油，为获得更低的稳定速度，一般将调速阀 2 安装在进油路中，回油路中装有背压阀 6。空载时泵以最大流量进入液压缸使其快进，进行工作进给（简称工进）时，电磁阀 3 通电使其所在油路断开，压力油经调速阀 2 流入缸内。工进结束后，压力继电器 5 发出信号，使阀 3 和阀 4 换向，调速阀被短接，液压缸快退，油液经背压阀 6 返回油箱，调速阀 2 也可放在回油路上，但对单杆缸，为获得更低的稳定速度，应放在进油路上。

当回路处于工进阶段时，液压缸的运动速度由调速阀中节流阀的通流面积 A_T 来控制。变量泵的输出流量 q_P 和供油压力 p_P 自动保持相应的恒定值。由于这种回路中泵的供油压力基本恒定，因此也称之为定压式容积节流调速回路。

图 9-10(b)为回路的调速特性曲线。由图可见，限压式变量泵的压力-流量特性曲线上的点 a 是泵的工作点，泵的供油压力为 p_P，流量为 q_1。调速阀在某一开度下的压力-流量特性曲线上的点 b 是调速阀（液压缸）的工作点，压力为 p_1，流量为 q_1。当改变调速阀的开口量，使调速阀压力-流量特性曲线上下移动时，回路的工作状态便相应改变。液压缸工作腔压力的正常工作范围是

$$p_2 \frac{A_2}{A_1} \leqslant p_1 \leqslant p_P - \Delta p_T \qquad (9-19)$$

式中，Δp_T——保持调速阀正常工作所需的压差，一般应在 0.5 MPa 以上。

当 $p_1 = p_{1\max}$ 时，回路中的节流损失最小，此时泵的工作点为 a，液压缸的工作点为 b；若 p_1 减小（b 点向左移动），则节流损失加大。

如果不考虑泵、缸和管路的损失，这种调速回路的效率为

$$\eta = \frac{\left(p_1 - p_2 \dfrac{A_2}{A_1}\right)q_1}{p_P q_1} = \frac{p_1 - p_2 \dfrac{A_2}{A_1}}{p_P} \tag{9-20}$$

如果背压 $p_2 = 0$，则

$$\eta = \frac{p_1}{p_P} = \frac{p_P - \Delta p_T}{p_P} = 1 - \frac{\Delta p_T}{p_P} \tag{9-21}$$

由式（9-21）可知，负载较小时，p_1 减小，使调速阀的压差 Δp_T 增大，造成节流损失增大。低速时，泵的供油流量较小，而对应的供油压力很大，泄漏增加，回路效率严重下降。因此，这种回路不宜用在低速、变载且轻载的场合，适用于负载变化不大的中、小功率场合，如组合机床的进给系统等。

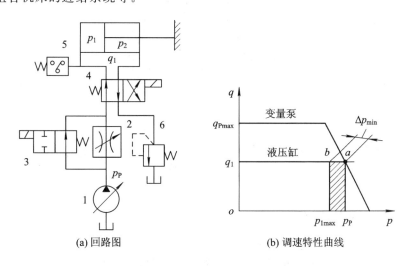

(a) 回路图   (b) 调速特性曲线

图 9-10 限压式变量泵和调速阀的容积节流调速回路

（2）压差式变量泵和节流阀组成的调速回路。

这种调速回路采用压差式变量泵供油，用节流阀控制进入液压缸或从液压缸流出的流量。图 9-11 所示是节流阀安装在进油路上的调速回路，其中阀 7 为背压阀，阀 9 为安全阀。泵的配油盘上的吸排油窗口关于垂直轴对称，变量机构由定子两侧的控制缸 1、2 组成，节流阀前的压力 p_P 反馈作用在控制缸 2 的有杆腔和控制柱塞 1 上，节流阀后的压力 p_1 反馈作用在控制缸 2 的无杆腔上，柱塞 1 的直径与缸 2 的活塞杆直径相等，亦即节流阀两端压差作用在定子两侧的作用面积相等。定子的移动（即偏心量的调节）靠控制缸两腔的液压作用力之差与弹簧力 F_s 的平衡来实现。压力差增大时，偏心量减小，供油量减小。压力差一定时，供油量也一定。调节节流阀的开口量，即改变其两端压力差，也改变了泵的偏心量，使其输油量与通过节流阀进入液压缸的流量相适应。阻尼孔 8 用以增加变量泵定子的移动阻尼，改善动态特性，避免定子发生振荡。

系统在如图 9-11 所示的位置时，泵排出的油液经阀 4 进入缸 6，故 $p_P = p_1$，泵的定

子两侧的液压作用力相等,定子仅受 F_s 的作用,从而使定子与转子间的偏心距 e 为最大,泵的流量最大,缸 5 实现快进。快进结束,1YA 通电,阀 4 关闭,泵的油液经节流阀 5 进入缸 6,故 $p_P > p_1$,定子右移,使 e 减小,泵的流量就自动减小至与节流阀 5 调定的开度相适应为止,液压缸 6 实现慢速工进。

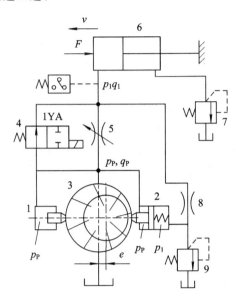

图 9 - 11　差压式变量泵和节流阀组成的容积节流回路

这种回路中只有节流损失,没有溢流损失,因而其效率比限压式变量泵和调速阀组成的调速回路要高。这种回路适用于负载变化大,速度较低的中、小功率场合,如某些组合机床进给系统。

4. 三种调速回路的比较

三种调速回路的主要性能比较见表 9 - 1。

表 9 - 1　调速回路的主要性能比较

回路类型\主要性能		节流调速回路				容积调速回路	容积节流调速回路	
		用节流阀调节		用调速阀调节			限压式	差压式
		进、回路	旁路	进、回路	旁路			
机械特性	速度稳定性	较差	差	好		较好	好	
	承载能力	较好	较差	好		较好	好	
调速特性（调速范围）		较大	小	较大		大	较大	
功率特性	效率	低	较高	低	较高	最高	较高	高
	发热	大	较小	大	较小	最小	较小	小
适用范围		小功率、轻载、低速的中、低压系统				大功率、重载、高速的中、高压系统	中、小功率的中压系统	

二、快速运动回路

快速运动回路是指执行元件获得尽可能大的快进速度，以提高生产率或充分利用功率。常见的快速运动回路有以下几种。

1. 差动连接的快速运动回路

图 9-12 所示为液压缸差动连接的快速运动回路。当换向阀 1 和换向阀 2 都在左位工作时，液压缸右腔回油和泵的供油汇合在一起进入左腔，形成差动连接，液压缸快速右行；当阀 1 左位、阀 2 右位工作时，差动连接即被解除，液压缸右腔回油经阀 1 回油箱，液压缸转为慢速右行；阀 1 和阀 2 都在右位工作时，液压缸向左返回。这种回路结构简单，应用较广，但液压缸的速度增加有限，常和其他方法联合使用。

2. 采用蓄能器的快速运动回路

图 9-13 所示为采用蓄能器的快速运动回路。对某些间歇工作且停留时间较长的液压设备，如冶金机械，以及某些工作速度存在快、慢两种速度的液压设备，如组合机床，常采用蓄能器和定量泵共同组成的油源。其中，定量泵可选较小的流量规格，在系统不需要流量或工作速度很低时，泵的全部流量或大部分流量进入蓄能器储存待用，在系统工作或要求快速运动时，由泵和蓄能器同时向系统供油。

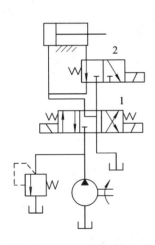

图 9-12　液压缸差动连接的快速运动回路

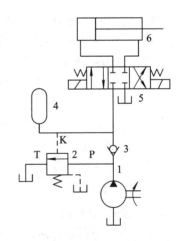

图 9-13　采用蓄能器的快速运动回路

3. 采用双泵供油系统的快速运动回路

图 9-14 所示为采用双泵供油系统的快速运动回路。低压大流量泵 1 和高压小流量泵 2 组成的双联泵向系统供油，外控顺序阀 3(卸荷阀)和溢流阀 5 分别设定双泵供油和小流量泵 2 供油时系统的工作压力。系统压力低于卸荷阀 3 的调定压力时，两个泵同时向系统供油，活塞快速向右运动；当系统压力达到或超过卸荷阀 3 的调定压力时，大流

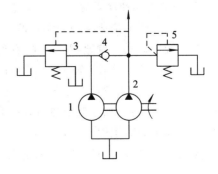

图 9-14　采用双泵供油系统的快速运动回路

量泵 1 通过阀 3 卸荷，单向阀 4 自动关闭，只有小流量泵 2 向系统供油，活塞慢速向右运动。卸荷阀 3 的调定压力应高于快速运动时的系统压力，而低于慢速运动时的系统压力，至少比溢流阀 5 的调定压力低 10%～20%，大流量泵 1 卸荷减少了功率损耗，回路效率较高。这种快速运动回路常用于执行元件快进和工进速度相差较大的场合，但结构较复杂，成本高。

三、速度换接回路

速度换接回路的作用是使执行元件实现运动速度的切换，可以使执行元件从快速空行程转换成低速工作进给，或从第一种工进速度转换成第二种更慢的工进速度等。在速度转换的回路中，要求速度的换接平稳，不能出现冲击现象。

1. 快、慢速换接回路

图 9-15 为用行程阀实现的速度换接回路。该回路可使执行元件完成"快进—工进—快退—停止"这一自动工作循环。在图示位置，电磁换向阀 2 处在右位，液压缸 7 快进。此时，溢流阀处于关闭状态。当活塞所连接的液压挡块压下行程阀 6 时，行程阀上位工作，液压缸右腔的油液只能经过节流阀 5 回油，构成回油节流调速回路，活塞运动速度转变为慢速工进，此时，溢流阀处于溢流恒压状态。当电磁换向阀 2 通电处于左位时，压力油经单向阀 4 进入液压缸右腔，液压缸左腔的油液直接流回油箱，活塞快速退回。这种回路的快速与

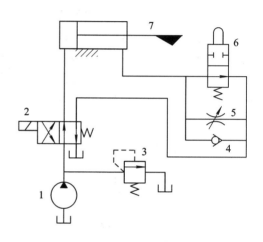

图 9-15　采用行程阀实现的速度换接回路

慢速的换接过程比较平稳，换接点的位置比较准确，缺点是行程阀的安装位置受一定限制（要由挡铁压下），管路连接较复杂。

2. 两种慢速的换接回路

某些机床要求工作行程有两种进给速度，一般第一进给速度大于第二进给速度，为实现两次工作进给速度，常用两个调速阀串联或并联在油路中，用换向阀进行切换。

1）两个调速阀并联式速度换接回路

图 9-16 为两个调速阀并联实现两种工作进给速度的换接回路。液压泵输出的压力油经三位电磁阀 D 左位、调速阀 A 和电磁阀 C 进入液压缸，液压缸得到由阀 A 所控制的第一种工作速度。当需要第二种工作速度时，电磁阀 C 通电切换，使调速阀 B 接入回路，压力油经阀 B 和阀 C 的右位进入液压缸，这时活塞就得到阀 B 所控制的工作速度。这种回路中，调速阀 A、B 各自独立调节流量，互不影响，一个工作时，另一个没有油液通过。没有工作的调速阀中的减压阀开口处于最大位置。阀 C 换向，由于减压阀瞬时来不及响应，会使调速阀瞬时通过过大的流量，造成执行元件出现突然前冲的现象，速度换接不平稳。

2）两个调速阀串联式速度换接回路

图 9-17 为两个调速阀串联的速度换接回路。在图示位置，压力油经电磁换向阀 D、调速阀 A 和电磁换向阀 C 进入液压缸，执行元件的运动速度由调速阀 A 控制。当电磁换向阀 C 通电切换时，调速阀 B 接入回路。由于阀 B 的开口量调得比阀 A 小，因此压力油经电磁换向阀 D、调速阀 A 和调速阀 B 进入液压缸，执行元件的运动速度由调速阀 B 控制。这种回路在调速阀 B 没起作用之前，调速阀 A 一直处于工作状态，在速度换接的瞬间，它可限制进入调速阀 B 的流量突然增加，所以速度换接比较平稳。但由于油液经过两个调速阀，因此能量损失比两个调速阀并联时大。

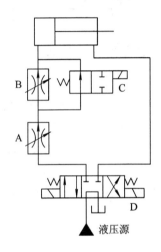
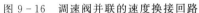
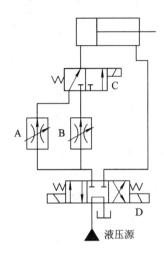

图 9-16 调速阀并联的速度换接回路　　图 9-17 调速阀串联的速度换接回路

【任务实施】

一、调速回路的组装和调试

1. 实训目的

通过对液压回路的组装和调试，进一步熟悉各种调速回路的组成，加深对回路性能的理解；加深认识各种液压速度控制元件的工作原理、基本结构、使用方法和在回路中的作用；培养安装、连接和调试液压系统回路的实践能力。

2. 实训步骤

按下述步骤进行实训操作：

第一步，对复杂液压回路，首先分析液压回路，并用 FluidSIM 软件仿真，验证回路是否正确。

第二步，参照液压回路图，接好实际回路图。找出所需的液压元件，在实验台上布置好各元器件的大体位置，并将固定好的元件用油管进行正确的连接。

第三步，根据已学习的电气控制技术知识，绘制电气接线图（如图 9-18 所示），并连接好控制线路。

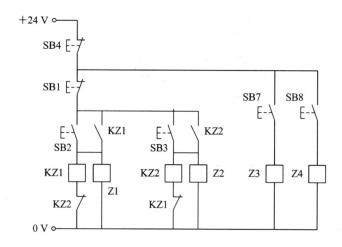

图 9 – 18　电气接线图

说明：按下 SB2，油缸前进，此时可以用两只节流阀进行调速，当按下 SB7 后，调速阀被短接，速度变换一次，当又按下 SB8 时，另一只调速阀也被短接，此时速度最快。因为电磁阀的两个电磁铁不可同时得电，因此只有按下 SB1 后，再按下 SB3，电磁阀才会换向，否则电磁阀是不会换向的。按下 SB4 回路断开。

第四步，接通主油路，让溢流阀全开，启动泵，调整 2、4、6 换向阀的工作位置，观察液压缸的动作情况。

第五步，验证结束，拆除回路，清理元件及试验台。

二、任务评价

序号	考 核 点	教 师 评 价	配分	得分
1	液压回路图仿真		20	
2	液压元件选择正确		10	
3	系统布局合理		5	
4	元件连接正确		5	
5	电气接线图的绘制和连接		30	
5	系统调试正确		20	
6	安全操作及场地整理		10	

【知识检测】

1. 如何调节执行元件的速度？常见的调速方法有哪些？

2. 进油路节流阀调速回路有什么特点？回油路节流阀调速回路又有什么特点？旁油路节流阀调速回路有什么特点？

3. 为什么采用调速阀能提高调速性能？

4. 液压系统中为什么设置快速运动回路？实现执行元件快速运动的方法有哪些？

学习情境 10　多缸控制回路

【任务描述】

分析如图 10-1 所示的双缸顺序动作回路，先应用仿真软件进行调试，然后在实训台上进行组装，通过电气和 PLC 两种控制方式进行调试。

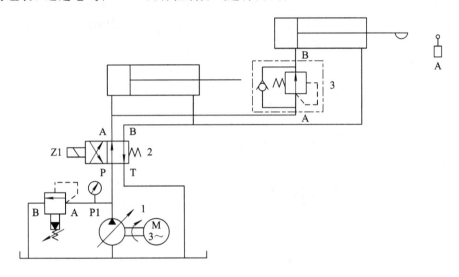

图 10-1　双缸顺序动作回路图

【任务分析】

在液压系统中，由一个油源向多个液压缸供油时，为满足各缸的顺序动作或同步动作要求，以防止各缸之间油液和流量的干扰，常用一些具有特殊功能的回路，如顺序动作回路、同步回路、互不干扰回路等。为了能分析并完成多缸控制回路的组装和调试任务，我们必须对常见多缸控制回路进行分析，掌握多缸控制回路的工作特点及应用。

【任务目标】

(1) 掌握顺序控制回路的控制方式及工作原理；
(2) 掌握同步回路的控制方式及工作原理；
(3) 掌握多缸快慢互不干扰回路的工作原理；
(4) 对比电气和 PLC 两种不同控制方式。

【相关知识】

一、顺序动作回路

顺序动作回路就是控制多执行元件按照一定的顺序先后动作的回路，按照控制方式不同可分为行程控制和压力控制两种。

1. 行程控制的顺序动作回路

利用行程阀或行程开关使执行元件运动到一定位置时，发出控制信号使下一个执行元件开始运动。

1）采用行程阀控制的顺序动作回路

如图 10-2 所示，A、B 两缸的活塞均在左位。当阀 C 右位工作时，缸 A 先向右行，实现动作①；当活塞杆上的挡块压下行程阀 D 后，使行程阀 D 的上位进入工作位置，缸 B 向右运行，实现动作②；当阀 C 左位工作时，缸 A 左行退回，实现动作③；随着挡块左移，阀 D 复位，缸 B 左行退回，实现动作④，至此，完成了两缸的顺序动作循环。这种回路换接位置准确，动作可靠。但行程阀必须安装在液压缸附近，不易改变动作顺序。

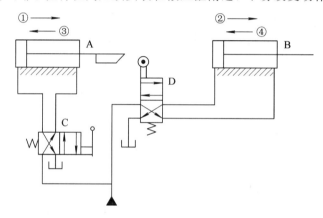

图 10-2　用行程阀控制的顺序动作回路

2）采用行程开关控制的顺序动作回路

如图 10-3 所示，按下启动按钮，阀 1 电磁铁通电，左位工作，液压缸 3 右行，实现动作①；当缸 3 右行到预定位置，挡块压下行程开关 2K 时，使阀 2 的电磁铁通电，其左位工作，液压缸 4 右行，实现动作②；当缸 4 运行到预定位置，挡块压下行程开关 4K 时，使阀 1 的电磁铁断电，缸 3 左行，实现动作③；当缸 3 左行到原位时，挡块压下行程开关 1K，使阀 2 的电磁铁断电，液压缸 4 向左行，实行动作④，当缸 4 到达原位时，挡块压下行程开

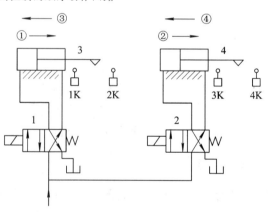

图 10-3　行程开关控制的顺序动作回路

关 3K，使其发出信号，表明工作循环结束。这种采用电气行程开关控制的顺序动作回路能方便地调整行程大小和改变动作顺序，因此，应用较为广泛。

2. 压力控制的顺序动作回路

压力控制的顺序动作回路利用液体本身的压力来控制执行元件的先后动作顺序。它常采用顺序阀或压力继电器两种方式来控制。

1）采用压力继电器控制的顺序动作回路

图 10-4 所示为使用压力继电器控制的顺序动作回路。当电磁铁 1YA 通电时，液压缸 A 右行，实现动作 1，当缸 A 碰上止挡块后，系统压力升高，安装在缸 A 附近的压力继电器发出信号，使电磁铁 2YA 通电，则缸 B 右行，实现动作 2。采用压力继电器控制的顺序动作回路，控制比较灵活方便，但由于其灵敏度高，易受油路中压力冲击影响而产生错误动作，因此只适用于压力冲击较小的系统，且同一系统中压力继电器的数目不宜过多。

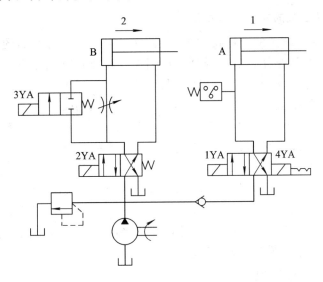

图 10-4　压力继电器控制的顺序动作回路

2）采用顺序阀控制的顺序动作回路

图 10-5 所示为采用顺序阀控制的顺序动作回路。当换向阀左位工作时，顺序阀 4 的调定压力大于液压缸 1 右行的最大工作压力，此时，压力油先进入缸 1 的左腔，使缸 1 右行完成动作①。当缸 1 完成动作①后，系统中压力升高，打开顺序阀 4，使缸 2 右行完成动作②。当换向阀右位工作，顺序阀 3 的调定压力大于缸 2 的最大返回工作压力时，缸 2 先退回，完成动作③，缸 2 完成动作③后，系统中压力升高，打开顺序阀 4，缸 1 完成动作④。为保证严格的顺序动作，防止顺序阀在油路压力波动等外界干扰下产生错误动作，顺序阀的调整压力必须高于先动作缸的最大工作压力约 0.8～1 MPa。

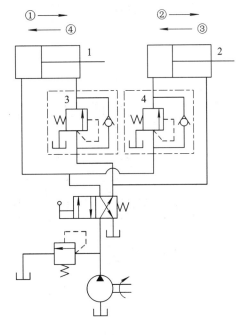

图 10-5　顺序阀控制的顺序动作回路

二、同步回路

同步控制回路是指多个执行元件在运动中保持相同位移或相同速度的回路。同步控制回路分为位置同步回路和速度同步回路。在多液压缸系统中，由于液压缸存在制造误差，承受的载荷不等，液压缸的泄漏量不同，因此即使各液压缸的有效工作面积和流量相同，也不会使各液压缸完全同步动作。

1. 采用串联液压缸的同步控制回路

如图 10-6 所示，缸 1 的有杆腔 A 的有效面积与缸 2 的无杆腔 B 的面积相等，因此从 A 腔排出的油液进入 B 腔后，两液压缸便同步下降。由于执行元件的制造误差、内泄漏以及气体混入等因素的影响，在多次行程后，将使同步失调累积为显著的位置上的差异。为此，回路中设有补偿措施，使同步误差在每一次下行运动中都得到消除。其补偿原理是：当三位四通换向阀 6 右位工作时，两液压缸活塞同时下行，若缸 1 活塞先下行到终点，将触动行程开关 a，使阀 5 的电磁铁 3YA 通电，阀 5 处于右位，压力油经阀 5 和液控单向阀 3 向液压缸 2 的 B 腔补油，推动缸 2 活塞继续下行到终点；反之，若缸 2 活塞先运动到终点，则触动行程开关 b，使阀 4 的电磁铁 4YA 通电，阀 4 处于上位，控制压力油经阀 4，打开液控单向阀 3，缸 1 下腔油液经液控单向阀 3 及阀 5 回油箱，使缸 1 活塞继续下行至终点。这样两缸活塞位置上的误差即被消除。这种同步回路结构简单，效率高，但需要提高泵的供油压力，一般只适用于负载较小的液压系统中。

2. 机械连接实现同步回路

图 10-7 所示为机械连接实现同步回路，取两支（或若干支）液压缸运用机械装置（齿轮或刚性梁）将其活塞杆连接在一起，使它们的运动相互牵制，即可不必在液压系统中采用任何措施而达到同步。此种同步方法简单，工作可靠，但不宜使用在两缸距离过大或两缸负载过大的场合。

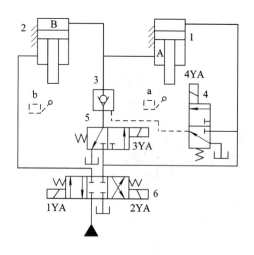

图 10-6　带位置补偿装置的液压缸同步回路

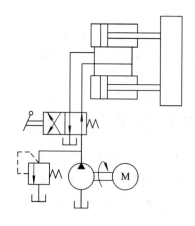

图 10-7　机械连接实现同步

三、多缸快慢互不干扰回路

在一泵多缸的液压系统中，往往由于其中一个液压缸快速运动，造成系统的压力下降，影响其他液压缸工作进给的稳定性。因此，在工作进给要求比较稳定的多缸液压系统中，必须采用快慢速互不干涉回路。

图 10-8 所示回路中，液压缸 11、12 分别要完成快速前进、工作进给和快速退回的自动工作循环。液压泵 1 为高压小流量泵，液压泵 2 为低压大流量泵，它们的压力分别由溢流阀 3 和 4 调节(调定压力 $p_{y3} > p_{y4}$)。开始工作时，电磁换向阀 9、10 的电磁铁 1YA、2YA 同时通电，泵 2 输出的压力油经单向阀 6、8 进入液压缸 11、12 的左腔，使两缸活塞快速向右运动。这时如果某一缸(例如缸 11)的活塞先到达要求位置，其挡铁压下行程阀 15，缸 11 右腔的工作压力上升，单向阀 6 关闭，泵 1 提供的油液经调速阀 5 进入缸 11，液压缸的运动速度下降，转换为工作进给，液压缸 12 仍可以继续快速前进。当两缸都转换为工作进给后，可使泵 2 卸荷(图中未表示卸荷方式)，仅泵 1 向两缸供油。如果某一缸(例如缸 11)先完成工作进给，其挡铁压下行程开关 16，使电磁线圈 1YA 断电，此时泵 2 输出的油液可经单向阀 6、电磁阀 9 和单向阀 13 进入缸 11 右腔，使活塞快速向左退回(双泵供油)，缸 12 仍单独由泵 1 供油继续进行工作进给，不受缸 11 运动的影响。

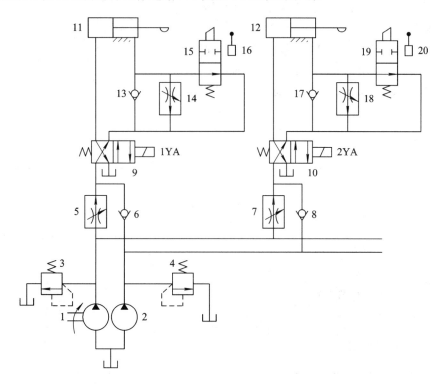

图 10-8 双泵供油的多缸快慢速互不干扰回路

在这个回路中，调速阀 5、7 调节的流量大于调速阀 14、18 调节的流量，这样两缸工作进给的速度分别由调速阀 14、18 决定。实际上，这种回路由于快速运动和慢速运动各由一个液压泵分别供油，所以能够达到两缸的快、慢运动互不干扰。

【任务实施】

一、多缸控制回路的组装和调试

1. 实训目的

通过对液压回路的组装和调试，进一步熟悉多缸控制回路的组成，加深对回路性能的理解；培养安装、连接和调试液压系统回路的实践能力。

2. 实训步骤

按下述步骤进行实训操作：

第一步，分析液压回路，并用 FluidSIM 软件仿真，验证回路是否正确。

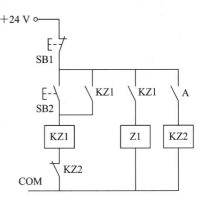

第二步，参照液压回路图，接好实际回路图。找出所需的液压元件，在实验台上布置好各元器件的大体位置，并将固定好的元件用油管进行正确的连接。

第三步，根据已学习的电气控制技术知识，绘制电气接线图，如图 10-9 所示，并连接好控制线路，完成电气控制调试。

第四步，根据已学习的 PLC 技术知识绘制外部接线图，连接线路，并编写程序，用 PLC 来实现控制。

第五步，验证结束，拆除回路，清理元件及试验台。

图 10-9 电气接线图

二、任务评价

序号	考 核 点	教 师 评 价	配分	得分
1	液压回路图仿真		10	
2	液压元件选择正确		10	
3	系统布局合理		5	
4	元件连接正确		5	
5	电气控制回路		20	
6	PLC 控制回路		30	
7	系统调试正确		10	
8	安全操作及场地整理		10	

【知识检测】

1. 简述用行程开关控制的顺序动作回路的工作原理。
2. 简述用串联液压缸控制的同步回路的工作原理。

学习情境 11　液压系统的分析与设计

【任务描述】

图 11 - 1(a)所示为一台数控车床，它能通过液压系统实现卡盘的夹紧与松开、刀架的夹紧与松开、刀架的正转与反转、尾座套筒的伸出与缩回。通过查阅资料，分析其液压系统的工作原理图，如图 11 - 1(b)所示，了解系统的基本回路组成、各液压元件的功用和相互关系。通过对复杂液压系统的分析，结合液压系统的设计步骤，能完成一些中等复杂程度的液压系统回路的设计。

(a) 数控车床

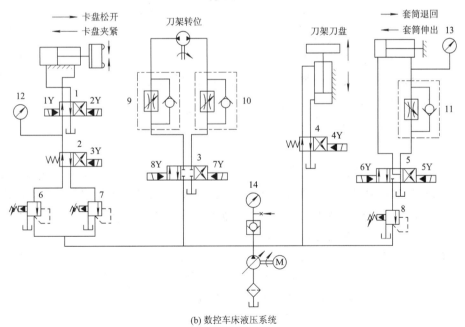

(b) 数控车床液压系统

图 11 - 1　数控车床

【任务分析】

要想进行液压系统的分析与设计，必须先掌握液压系统分析和设计的基本思路，学习一些典型液压系统回路的工作原理，进行总结归纳，进一步加深对各种液压元件和基本回路综合应用的认识，并学会进行液压系统分析的方法，为液压系统的设计、调整、使用、维护打下基础。

【任务目标】

(1) 熟悉典型液压传动系统中包含的元件和基本回路；

(2) 逐步掌握阅读液压传动系统图的能力；

(3) 熟悉液压传动系统的设计步骤和方法。

【相关知识】

一、液压系统的分析

1. 分析液压系统的一般步骤

(1) 了解设备的用途及对液压或气压传动系统的要求。

(2) 初步浏览各执行元件的工作循环过程，所含元件的类型、规格、性能、功用和各元件之间的关系。

(3) 对与每一执行元件有关的泵、阀所组成的子系统进行分析，搞清楚其中包含哪些基本回路，然后针对各元件的动作要求，参照动作顺序表读懂子系统。

(4) 根据液压和气压传动系统中各执行元件的互锁、同步和防干扰等要求，分析各子系统之间的联系，并进一步读懂在系统中是如何实现这些要求的。

(5) 在全面读懂回路的基础上，归纳、总结整个系统有哪些特点，以便加深对系统的理解。阅读分析系统图的能力必须在实践中多学习、多读、多看和多练的基础上才能提高。

2. 典型液压系统的分析

1) YT4543 型动力滑台液压系统

(1) 动力滑台的简介。

图 11-2 所示为组合机床动力滑台，它是组合机床上实现进给运动的一种通用部件，配上动力箱和多轴箱后可以对工件完成各类孔的钻、镗、铰加工等工序。液压动力滑台用液压缸驱动，在电气和机械装置的配合下可以实现一定的工作循环。

(2) 动力滑台液压系统的分析。

YT4543 液压动力滑台的工作进给速度范围为 $0.11 \sim 11$ mm/s，最大快进速度为 122 mm/s，滑台台面尺寸为 450 mm×800 mm，最大推力为 45 kN。液压系统如图 11-3 所示，电磁铁和行程阀的动作顺序见表 11-1。在电气和机械装置的配合下，可以实现"快进→一工进→二工进→止位钉停留→快退→原位停止"等多种自动工作循环。该系统采用限压式变量叶片泵供油，电液换向阀换向，行程阀实现快慢速度转换，串联调速阀实现两种工作进给速度的转换，其最高工作压力不大于 6.3 MPa。液压滑台的工作循环是由固定

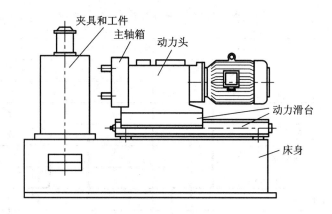

图 11-2 组合机床动力滑台

在移动工作台侧面的挡铁直接压行程阀换位或压行程开关控制电磁换向阀的通、断电顺序实现的。

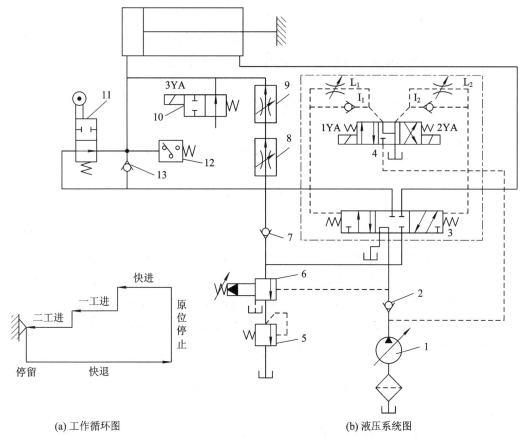

(a) 工作循环图   (b) 液压系统图

1—液压泵；2、7、13—单向阀；3—液动换向阀；4—电磁换向阀；5—背压阀；
6—液控顺序阀；8、9—调速阀；10—电磁换向阀；11—行程阀；12—压力继电器

图 11-3 组合机床动力滑台工作循环图和液压系统图

表 11－1　电磁铁和行程阀的动作顺序

动作名称	信号来源	电磁铁、压力继电器						行程阀 11	
		1YA		2YA		3YA			
		+	－	+	－	+	－	+	－
快进(差动)	启动按钮								
一工进	挡块压行程阀								
二工进	挡块压行程开关								
止位钉停留	止位钉、压力继电器								
快退	时间继电器								
原位停止	挡块压终点开关								

注："＋"表示电磁铁通电或行程阀压下；"－"表示电磁铁断电或行程阀复位。

① 快进(1YA⁺)。快进时由于负载小、压力低，液控顺序阀 6 关闭，液压缸左右腔形成差动连接，液压泵 1 输出最大流量，滑台快进。

按下启动按钮，电磁铁 1YA 通电，电磁换向阀 4 左位接入系统，液动换向阀 3 在控制压力油的作用下也将左位接入系统工作，这时系统中油液的流动油路如下：

控制油路

进油路：泵 1→阀 4(左)→I_1→阀 3(左)。

回油路：阀 3(右)→L_2→阀 4(左)→油箱。

由此可知，液动换向阀 3 的阀芯右移，其左位接入系统(换向时间由 L_2 调节)。

主油路

进油路：泵(1)→单向阀 2→阀 3(左)→行程阀 11→缸左腔。

回油路：缸右腔→阀 3(左)→单向阀 7→行程阀 11→缸左腔。

② 第一次工作进给(1YA⁺、行程阀压下)。当滑台快进终了时，滑台上的挡块压下行程阀 11，切断了快速运动的进油路，其控制油路未变，而主油路中，压力油只能通过调速阀 8 和二位二通电磁换向阀 10(右位)进入液压缸左腔。由于油液流经调速阀而使系统压力升高，液控顺序阀 6 开启，单向阀 7 关闭，液压缸右腔的油液经液控顺序阀 6 和背压阀 5 流回油箱。同时，泵 1 的流量也自动减小。滑台实现由调速阀 8 调速的第一次工作进给。这时系统中油液的流动油路如下：

主油路

进油路：泵 1→单向阀 2→阀 3(左)→调速阀 8 →电磁换向阀 10(右)→缸左腔。

回油路：缸右腔→阀 3(左)→液控顺序阀 6→背压阀 5→油箱。

③ 第二次工作进给(1YA⁺、3YA⁺)。第二次工作进给与第一次工作进给时的控制油路和主油路的回油路相同，不同之处是主油路的进油路。当第一次工作进给终了，挡块压下行程开关，使电磁铁 3YA 通电，电磁换向阀 10 左位接入系统使其油路关闭时，压力油必须通过调速阀 8 和 9 进入液压缸左腔。由于调速阀 9 的通流面积比调速阀 8 的通流截面积小，所以进给速度再次降低，由此滑台实现由调速阀 9 调速的第二次工作进给，这时系

统主油路的进油路如下：

进油路：泵 1→阀 2→阀 3(左)→调速阀 8→调速阀 9→缸左腔。

④ 止位钉停留(1YA$^+$、3YA$^+$)。滑台完成第二次工作进给后，液压缸碰到滑台座前端的止位钉(可调节滑台行程的螺钉)后停止运动。这时液压缸左腔压力升高，当压力升高到压力继电器 12 的开启压力时，压力继电器动作，向时间继电器发出电信号，由时间继电器控制滑台的停留时间。这时的油路同第二次工作进给的油路，但实际上系统内油液已停止流动，液压泵的流量已减至很小，仅用于补充泄漏油。

⑤ 快退(2YA$^+$)。滑台停留时间结束时，时间继电器发出信号，使电磁铁 2YA 通电，1YA、3YA 断电。这时电磁换向阀 4 右位接入系统，液动换向阀 3 也换为右位工作，主油路换向。因滑台返回时为空载，故系统压力低，泵 1 的流量自动增至最大，由此动力滑台快速退回。这时系统中油液的流动油路如下：

控制油路

进油路：泵 1→阀 4(右)→I$_2$→阀 3(右)。

回油路：阀 3(左)→L$_1$→阀 4(右)→ 油箱。

由此可知，液动换向阀 3 由控制油路使其换为右位(换向时间由 L$_1$ 调节)。

主油路

进油路：泵 1→单向阀 2→阀 3(右)→缸右腔。

回油路：缸左腔→阀 13→阀 3(右)→ 油箱。

⑥ 原位停止。当滑台快速退回到其原始位置时，挡块压下原位行程开关，使电磁铁 2YA 断电，电磁换向阀 4 恢复中位，液动换向阀 3 也恢复中位，液压缸两腔油路被封闭，液压缸失去动力，滑台被锁紧在起始位置上而停止运动。这时液压泵经单向阀 2 及阀 3 的中位卸荷，系统中油液的流动油路如下：

控制油路

回油路：阀 3(左)→L$_1$→阀 4(中)→油箱；

　　　　阀 3(右)→L$_2$→阀 4(中)→油箱。

主油路

进油路：泵 1→单向阀 2→阀 3(中)→油箱。

回油路：液压缸左腔→阀 13。

由此可知，阀 3 中堵塞(液压缸停止并被锁住)；单向阀 2 的作用是使滑台在原位停止时，控制油路仍保持一定的控制压力(低压)，以便能迅速启动。

(3) 动力滑台液压系统的特点。

动力滑台的液压系统是能完成较复杂工作循环的典型的单缸中压系统，其特点如下：

① 容积节流调速回路。该系统采用了限压式变量叶片泵、调速阀和背压阀容积节流调速回路。用变量泵供油可使空载时获得快的速度(泵的流量最大)，工进时，负载增加，泵的流量会自动减小，且无溢流损失，因而功率的利用是合理的。调速阀调速可保证工作进给时获得稳定的低速，有较好的速度刚性。调速阀设在进油路上，便于利用压力继电器发出信号实现动作顺序的自动控制。回油路上加背压阀能防止负载突然减小时产生前冲现

象，并能使工进速度平稳。

② 电液动换向阀的换向回路。采用反应灵敏的小规格电磁换向阀作为先导阀，控制可以通过大流量的液动换向阀，从而实现主油路的换向，发挥了电液联合控制的优点。由于液动换向阀芯移动的速度可由节流阀 L_1、L_2 调节，因此能使流量较大、速度较快的主油路换向平稳，无冲击。

③ 液压缸差动连接的快速回路。主换向阀采用了三位五通阀，因此换向阀左位工作时能使缸右腔的回油又返回缸的左腔，从而使液压缸两腔同时通压力油，实现差动快进。这种回路简便可靠。

④ 用行程控制的速度转换回路。系统采用行程阀和液控顺序阀配合动作实现快进与工作进给速度的转换，使速度转换平稳、可靠且位置准确。采用两个串联的调速阀及用行程开关控制的电磁换向阀实现两种工进速度的转换。由于进给速度较低，因此能保证换接精度和平稳性的要求。

⑤ 压力继电器控制动作顺序。滑台工进结束时液压缸碰到止位钉，使得缸内工作压力升高，因而采用压力继电器发信号，使滑台反向退回，方便可靠。止位钉的采用还能提高滑台工进结束时的位置精度，进行刮端面、锪孔、镗台阶孔等工序的加工。

2）YB32-200 型压力机的液压系统

（1）压力机简介。压力机是锻压、冲压、冷挤、翻边、拉深、校直、弯曲、粉末冶金、成型等压力加工工艺中广泛应用的机械设备。压力机的类型很多，其中三梁四柱式液压机最为典型，应用也最广泛。

（2）压力机液压系统分析。下面以图 11-4(a) 所示的 YB32-200 型压力机液压系统为例对压力机液压系统进行分析。该液压机主液压缸的最大压制力为 2000kN。该液压机在它的四个导柱之间安置有上、下两个液压缸。从图 11-4(b) 所示的该液压机的动作循环图可知，上液压缸（主缸）驱动上滑块，可以实现"快速下行→慢速加压→保压延时→泄压换向→快速返回→原位停止"的典型动作循环；下液压缸（顶出缸）驱动下滑块，实现"向上顶出→停留→向下返回→原位停止"的动作循环。液压系统如图 11-5 所示，电磁铁和行程阀的动作顺序见表 11-2。其工作情况分析如下所述。

(a) 压力机

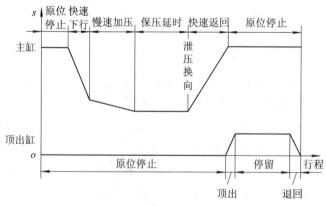

(b) 动作循环图

图 11-4 YB32-200 型压力机及其动作循环图

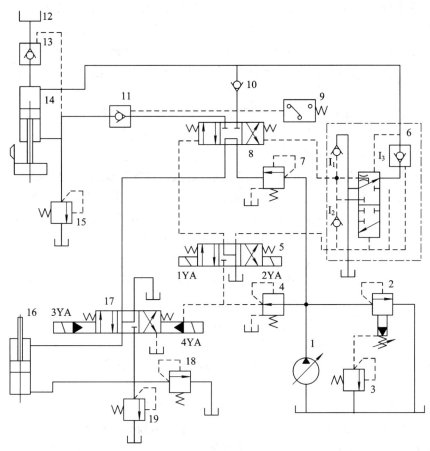

1—液压泵；2—泵站溢流阀；3—远程调压阀；4—减压阀；5—先导阀；6—释压阀；7—顺序阀；
8—主缸换向阀；9—压力继电器；10—单向阀；11—液控单向阀；12—副油箱；13—液控单向阀；
14—主液压缸；15—主缸安全阀；16—顶出缸；17—顶出缸换向阀；18—顶出缸背压阀；19—安全阀

图 11 - 5　YB32 - 200 型液压机的液压系统图

表 11 - 2　YB32 - 200 型液压机液压系统的动作循环表

动作名称		信号来源	液压元件工作状态			
			先导阀 5	主缸换向阀 8	顶出缸换向阀 17	释压阀 6
上滑块	快速下行	1YA 通电	左位	左位	中位	上位
	慢速加压	上滑块接触工件				
	保压延时	压力继电器使 1YA 断电	中位	中位		
	泄压换向	时间继电器使 2YA 通电	右位			下位
	快速返回			右位		
	原位停止	行程开关使 2YA 断电				
下滑块	向上顶出	4YA 通电	中位	中位	右位	上位
	停留	下活塞触及缸盖				
	向下返回	4YA 断电、3YA 通电			左位	
	原位停止	3YA 断电			中位	

① 液压机上滑块液压系统的工作原理介绍。

　　a. 快速下行。电磁铁 1YA 通电，先导阀 5 和主缸换向阀 8 左位接入系统，液控单向阀 11 被打开，主液压缸 14 快速下行。这时，系统中油液流动的情况如下：

　　进油路：液压泵 1→顺序阀 7→主缸换向阀 8 左位→单向阀 10→主液压缸 14 上腔。

　　回油路：主液压缸 14 下腔→液控单向阀 11→主缸换向阀 8 左位→顶出缸换向阀 17 中位 →油箱。

　　上滑块在自重作用下迅速下降。由于液压泵的流量较小，因此这时液压机顶部副油箱 12 中的油经液控单向阀 13（称补油阀）也流入主液压缸 14 上腔。

　　b. 慢速加压。从上滑块接触工件时开始，主液压缸 14 上腔压力升高，液控单向阀 13 关闭，加压速度便由液压泵的流量来决定，油液的流动情况与快速下行时相同。

　　c. 保压延时。当系统中压力升高达到压力继电器 9 的调定压力时，发出电信号，控制电磁铁 1YA 断电，先导阀 5 和主缸换向阀 8 都处于中位，主液压缸 14 上、下油腔封闭，系统进入保压工况。保压时间由电气控制系统中的时间继电器（图中未画出）控制。保压时除了液压泵在较低压力下卸荷外，系统并没有油液流动。液压泵卸荷的油路如下：

　　液压泵 1→顺序阀 7→主缸换向阀 8（中位）→顶出缸换向阀 17（中位）→油箱。

　　d. 快速返回。时间继电器延时到时间后，控制电磁铁 2YA 通电，先导阀 5 右位接入系统，释压阀 6 使主缸换向阀 8 也以右位接入系统。这时，液控单向阀 13 被打开，主液压缸 14 快速返回。油液的流动情况如下：

　　进油路：液压泵 1→顺序阀 7→主缸换向阀 8 右位→液控单向阀 11→主液压缸 14 下腔；

　　回油路：主液压缸 14 上腔→液控单向阀 13→副油箱 12。

　　副油箱 12 内的液面超过预定位置时，多余油液由溢流管流回主油箱（图中未画出）。

　　e. 原位停止。在上滑块上升至挡块撞上原位行程开关时，控制电磁铁 2YA 断电，先导阀 5 和主缸换向阀 8 都处于中位。这时上滑块停止不动，液压泵在较低压力下卸荷。

　　液压系统中的释压阀 6 是为了防止保压状态向快速返回状态转变过快，在系统中产生压力冲击，引起上滑块动作不平稳而设置的，它的主要功用是：使主液压缸 14 上腔释压后，压力油才能通入该缸下腔。其工作原理如下：在保压阶段，这个阀以上位接入系统；当电磁铁 2YA 通电，先导阀 5 右位接入系统时，操纵油路中的压力油虽到达释压阀 6 阀芯的下端，但由于其上端的高压未曾释放，因此阀芯不动。由于液控单向阀 I_3 是可以在控制压力低于其主油路压力下打开的，因此有：

　　主液压缸 14 上腔→液控单向阀 I_3→释压阀 6 上位→油箱

　　于是主液压缸 14 上腔的油压便被卸除，释压阀向上移动，以其下位接入系统，它一方面切断主液压缸 14 上腔通向油箱的通道，另一方面使操纵油路中的压力油输到顶出缸背压阀 8 阀芯右端，使该阀右位接入系统，以便实现上滑块的快速返回。由图 11-5 可见，顶出缸背压阀 8 在由左位转换到中位时，阀芯右端由油箱经单向阀 I_1 补油；在由右位转换到中位时，阀芯右端的油经单向阀 I_2 流回油箱。

　　② 液压机下滑块液压系统的工作原理。

　　a. 向上顶出。电磁铁 4YA 通电，这时有：

　　进油路：液压泵 1→顺序阀 7→主缸换向阀 8 中位→顶出缸换向阀 17 右位 →顶出缸 16 下腔；

回油路：顶出缸 16 上腔→顶出缸换向阀 17 右位→油箱。

下滑块上移至顶出缸中的活塞碰上缸盖时，便停在该位置上。

b. 向下返回。电磁铁 4YA 断电、3YA 通电，这时有：

进油路：液压泵 1→顺序阀 7→主缸换向阀 8 中位→顶出缸换向阀 17 左位→顶出缸 16 上腔；

回油路：顶出缸 16 下腔→顶出缸换向阀 17 左位→油箱。

c. 原位停止。电磁铁 3YA、4YA 都断电，顶出缸换向阀 17 处于中位。

（3）压力机液压系统的特点。

① 系统采用高压、大流量、恒功率变量泵供油，并利用上滑块自重加速、液控单向阀 13 补油的快速运动回路，功率利用合理。

② 液压机是典型的以压力控制为主的液压系统。本机具有远程调压控制的调压回路，使控制油路获得稳定低压 2 MPa 的减压回路，高压泵的低压（约 2.5 MPa）卸荷回路，利用管道和油液的弹性变形及靠阀、缸密封的保压回路，采用液控单向阀的平衡回路。

③ 系统中采用了专用的 QF1 型释压阀来实现上滑块快速返回时上缸换向阀的换向，保证液压机动作平稳，不会在换向时产生液压冲击和噪声。

④ 系统中上、下两个液压缸各有一个安全阀进行过载保护；两缸换向阀采用串联接法，这也是一种安全措施。

3）Q2 - 8 型汽车起重机液压系统

（1）汽车起重机概述。

汽车起重机是将起重机安装在汽车底盘上的一种起重运输设备，广泛应用在交通运输、城建、消防、大型物料场、基建、急救等领域。在汽车起重机上采用液压起重技术，承载能力大，可在有冲击、振动和环境较差的条件下工作。由于系统执行元件需要完成的动作较为简单，位置精度要求较低，所以，系统以手动操纵为主，对于起重机械液压系统，设计中确保工作可靠与安全最为重要。

图 11 - 6 所示为汽车起重机的结构原理图，它主要由如下五个部分构成。

① 支腿装置：起重作业时使汽车轮胎离开地面，架起整车，不使载荷压在轮胎上，并可调节整车的水平度，一般为四腿结构。

② 吊臂回转机构：使吊臂实现 360°任意回转，在任何位置能够锁定停止。

③ 吊臂伸缩机构：使吊臂在一定尺寸范围内可调，并能够定位，用以改变吊臂的工作长度，一般为 3 节或 4 节套筒伸缩结构。

④ 吊臂变幅机构：使吊臂在 15°～80°之间角度任意可调，用以改变吊臂的倾角。

⑤ 吊钩起降机构：使重物在起吊范围内任意升降，并在任意位置负重停止，起吊和下降速度在一定范围内无级可调。

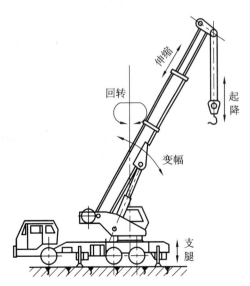

图 11 - 6　Q2 - 8 型汽车起重机结构原理图

（2）汽车起重机液压系统的工作原理。

图 11-7 所示的汽车起重机液压系统中液压泵的动力都由汽车发动机通过装在底盘变速箱上的取力箱提供。液压泵为高压定量齿轮泵，由于发动机的转速可以通过油门人为调节控制，因此尽管是定量泵，但其输出的流量可以在一定的范围内通过控制汽车油门开度的大小来人为控制，从而实现无级调速；该泵的额定压力为 21 MPa，排量为 40 min/r，额定转速为 1500 r/min；液压泵通过旋转接头 9、开关 10 和过滤器 11 从油箱吸油；输出的压力油经旋转接头 9、多路手动换向阀组 1 和 2 的操作，将压力油串联地输送到各执行元件，当起重机不工作时，液压系统处于卸荷状态。液压系统各部分工作的具体情况如下所述。

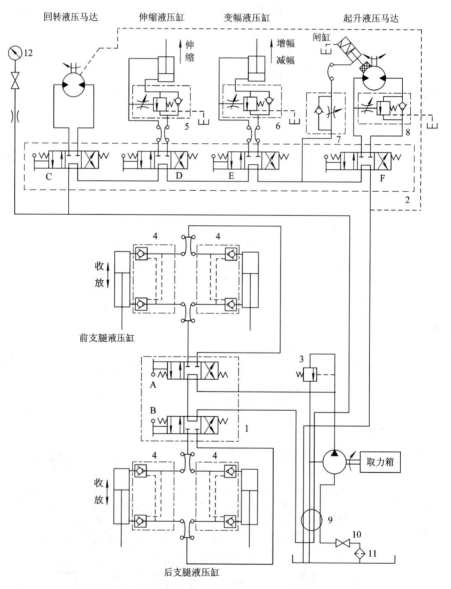

1、2—多路换向阀；3—安全阀；4—双向液压锁；5、6、8—平衡阀；7—节流阀；
9—旋转接头；10—开关；11—过滤器；12—压力表；A、B、C、D、E、F—手动换向阀

图 11-7　Q2-8 型汽车起重机液压系统图

① 支腿缸收放回路。

该汽车起重机的底盘前后各有两条支腿，通过机械机构可以使每一条支腿收起和放下。在每一条支腿上都装着一个液压缸，支腿的动作由液压缸驱动。两条前支腿和两条后支腿分别由多路换向阀1中的三位四通手动换向阀A和B控制其伸出或缩回。换向阀均采用M型中位机能，且油路采用串联方式。确保每条支腿伸出去的可靠性至关重要，因此每个液压缸均设有双向锁紧回路，以保证支腿被可靠地锁住，防止在起重作业时发生"软腿"现象或行车过程中支腿自行滑落。此时系统中油液的流动情况如下：

a. 前支腿：

进油路：取力箱→液压泵→多路换向阀1中的阀A→两个前支腿缸进油腔；

回油路：两个前支腿缸回油腔→多路换向阀1中的阀A左位→阀B中位→旋转接头9→多路换向阀2中阀C、D、E、F的中位→旋转接头9→油箱。

b. 后支腿：

进油路：取力箱→液压泵→多路换向阀1中阀A的中位→阀B左位→两个后支腿缸进油腔；

回油路：两个后支腿缸回油腔→多路换向阀1中阀A的中位→阀B左位→旋转接头9→多路换向阀2中阀C、D、E、F的中位→旋转接头9→油箱。

② 吊臂回转回路。

吊臂回转机构采用液压马达作为执行元件。液压马达通过蜗轮蜗杆减速箱和一对内啮合的齿轮传动来驱动转盘回转。由于转盘转速较低，每分钟仅为1~3转，液压马达的转速也不高，因此没有必要设置液压马达制动回路。系统中用多路换向阀2中的一个三位四通手动换向阀C来控制转盘正、反转和锁定不动三种工况。此时系统中油液的流动情况如下：

进油路：取力箱→液压泵→多路换向阀1中阀A、阀B的中位→旋转接头9→多路换向阀2中的阀C→回转液压马达进油腔；

回油路：回转液压马达回油腔→多路换向阀2中的阀C→多路换向阀2中阀D、E、F的中位→旋转接头9→油箱。

③ 伸缩回路。

起重机的吊臂由基本臂和伸缩臂组成，伸缩臂套在基本臂之中，用一个由三位四通手动换向阀D控制的伸缩液压缸来驱动吊臂的伸出和缩回。为防止因自重而使吊臂下落，油路中设有平衡回路。此时系统中油液的流动情况如下：

进油路：取力箱→液压泵→多路换向阀1中的阀A、阀B中位→旋转接头9→多路换向阀2中的阀C中位→换向阀D→伸缩缸进油腔；

回油路：伸缩缸回油腔→多路换向阀2中的阀D→多路换向阀2中的阀E、F的中位→旋转接头9→油箱。

④ 变幅回路。

吊臂变幅是指用一个液压缸来改变起重臂的俯角角度。变幅液压缸由三位四通手动换向阀E控制。同样，为防止在变幅作业时因自重而使吊臂下落，在油路中设有平衡回路。此时系统中油液的流动情况如下：

进油路：取力箱→液压泵→阀A中位→阀B中位→旋转接头9→阀C中位→阀D中位

　　→阀 E→变幅缸进油腔；

　　　　回油路：变幅缸回油腔→阀 E→阀 F 中位→旋转接头 9→油箱。

　　　　⑤ 起降回路。

　　起降机构是汽车启动机的主要工作机构，它由一个低速大转矩定量液压马达来带动卷扬机工作。液压马达的正、反转由三位四通手动换向阀 F 控制。起重机起升速度的调节是通过改变汽车发动机的转速从而改变液压泵的输出流量和液压马达的输入流量来实现的。在液压马达的回油路上设有平衡回路，以防止重物自由落下；在液压马达上还设有单向节流阀的平衡回路以及单作用闸缸组成的制动回路，当系统不工作时通过闸缸中的弹簧力实现对卷扬机的制动，防止起吊重物下滑。当吊车负重起吊时，利用制动器延时张开的特性，可以避免卷扬机起吊时发生溜车下滑现象。此时系统中油液的流动情况如下：

　　　　进油路：取力箱→液压泵→阀 A 中位→阀 B 中位→旋转接头 9→阀 C 中位→阀 D 中位→阀 E 中位→阀 F→卷扬机马达进油腔；

　　　　回油路：卷扬机马达回油腔→阀 F→旋转接头 9→油箱。

　　（3）Q2－8 型汽车起重机液压系统的特点。

　　① 在调压回路中，采用安全阀来限制系统的最高工作压力，防止系统过载，对起重机实现超重起吊起安全保护作用。

　　② 在调速回路中，采用手动调节换向阀的开度大小来调整工件机构（起降机构除外）的速度，方便灵活，充分体现以人为本、用人来直接操纵设备的思想。

　　③ 在锁紧回路中，采用由液控单向阀构成的双向液压锁将前后支腿锁定在一定位置上，工作可靠、安全，确保整个起吊过程中，每条支腿都不会出现软腿的现象，即使出现发动机死火或液压管道破裂的情况，双向液压锁仍能正常工作，且有效时间长。

　　④ 在平衡回路中，采用经过改进的单向液控顺序阀作平衡阀，以防止在起升、吊臂伸缩和变幅作业过程中因重物自重而下降，且工作稳定、可靠，但在一个方向有背压，会对系统造成一定的功率损耗。

　　⑤ 在多缸卸荷回路中，采用多路换向阀结构，其中的每一个三位四通手动换向阀的中位机能都为 M 型中位机能，并且将阀在油路中串联起来使用，这样可以使任何一个工作机构单独动作。这种串联结构也可在轻载下使机构任意组合地同时动作。采用 6 个换向阀串联连接，会使液压泵的卸荷压力加大，系统效率降低，但由于起重机不是频繁作业，因此这些损失对系统的影响不大。

　　⑥ 在制动回路中，采用由单向节流阀和单作用闸缸构成的制动器，利用调整好的弹簧力进行制动，制动可靠，动作快。由于要用液压缸压缩弹簧来松开刹车，因此刹车松开的动作慢，可防止负重起重时的溜车现象发生，能够确保起吊安全，并且在汽车发动机死火或液压系统出现故障时，能够迅速实现制动，防止被起吊的重物下落。

二、液压系统的设计

　　设计液压系统时主要依据的是工作机器提出的技术要求，同时要考虑可靠性、安全性和经济性等因素。

　　液压系统设计的基本步骤包括：明确液压系统的设计要求及工况分析；分析系统工况，确定液压系统的主要参数；进行方案设计，初拟液压系统原理图；计算和选择液压元件；验算液压系统的性能；绘制正式系统工作图，编制技术文件。这些步骤大部分情况下要交叉进行，对于比较复杂的系统，需经过多次反复才能最后确定；在设计简单系统时，有些步骤可以合并或省略。下面对液压系统的设计步骤做一介绍。

1. 设计液压系统的步骤和内容

(1) 明确液压系统的设计要求及工况分析。

液压系统的设计必须全面满足主机的各项功能和技术性能。因此，首先要了解主机设计人员对液压部分提出的要求。一般应明确以下要点：

① 主机的用途、类型、工艺过程及总体布局，以及要求用液压传动完成的动作和空间位置的限制；

② 对液压系统动作和性能的要求，如工作循环、运动方式(往复直线运动或旋转运动、同步、顺序或互锁等要求)、自动化程度、调速范围、运动平稳性和精度、负载状况、工作行程等；

③ 工作环境，如温度、湿度、污染、腐蚀及易燃等情况；

④ 其他要求，如可靠性、经济性等。

(2) 分析系统工况，确定液压系统的主要参数。

主要参数是指液压执行元件的工作压力和最大流量。主要参数的确定又依据的是液压系统的工作状况，因此，需要对液压系统进行工况分析。

① 液压系统工况分析。

工况分析是指执行元件的运动速度和负载变化的分析，其目的是满足工作机器动作和承载的要求。液压系统承受的负载由工作机器的规格而定，可由样机通过实验测定，也可以由理论分析确定。当用理论分析确定系统的实际负载时，必须考虑它所有的组成项目，如工作负载(切削力、挤压力、弹性塑性变形抗力、重力等)、惯性负载和阻力负载(摩擦力、背压力)等，并把它们绘制成相应的负载图和速度图，如图 11 - 8 所示。

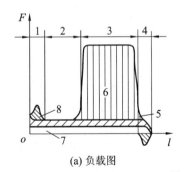
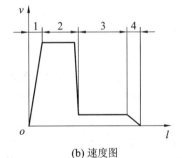

(a) 负载图　　　　　　　　　　　(b) 速度图

1—启动加速；2—快进；3—工进；4—制动；5—摩擦力；6—切削力；7—密封及背压阻力；8—惯性力

图 11 - 8　液压系统执行元件的负载图和速度图

② 主要参数确定。

主要参数依赖于机器的形式而定；执行元件的形式可根据工作机器所要实现的运动种类和性质而定。

执行元件的工作压力可以根据最大负载来选取，也可以根据工作机器的类型来选取。

液压系统中，工作压力选得小些，对系统的可靠性、低速平稳性和降低噪声都是有利的，但是结构尺寸相对较大，因为在执行元件选定压力后，液压缸的截面尺寸便可以由推力来确定。最大流量是由执行元件速度图中的最大速度计算出来的，这与执行元件结构参数有关。

图 11-9 所示为液压系统执行元件各个阶段的压力、流量和功率工况。它是在执行元件结构参数确定后，根据设计任务要求，算出不同阶段中的实际工作压力、流量和功率作出的工况分析图，它显示了液压系统整个工作循环中参数的变化情况。

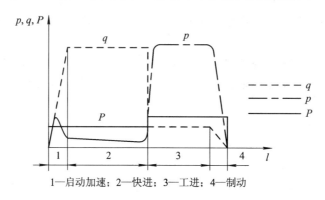

1—启动加速；2—快进；3—工进；4—制动

图 11-9 执行元件的工况图

（3）进行方案设计，初拟液压系统原理图。

拟定液压系统原理图，通常可以根据各个运动的要求首先选择和拟定各基本回路，然后将各个回路组成液压系统。

① 液压基本回路的选择和拟定。

选择液压回路时根据的是液压系统的设计要求和工况图，同时要符合节省能源、减少发热、减少冲击等原则。这一步工作中常常会出现多种方案，因此，可参考同类型产品液压系统进行全面分析和比较，从而确定调速方式、液流流向的控制方式以及顺序动作控制方式等基本回路。

② 液压系统的组成。

液压基本回路确定之后，再配置辅助性回路或元件（如控制油路、润滑油路、过滤器、压力表及其测压点布置等），即可组成液压系统原理图。进行这一步工作时，尚需注意以下几点：

a. 组合成的液压系统应保证循环中的每一个动作安全可靠，相互间没有干扰；

b. 系统中各元件的安放位置应正确，以便充分发挥其工作性能；

c. 去掉作用相同或相近的元件，力求系统结构简单；

d. 组合成的系统应经济合理，尽量选用标准元件。

（4）计算和选择液压元件。

计算和选择液压元件大致包括下列内容：

① 执行元件主要参数的计算，一般从计算工作载荷开始，根据工作载荷和执行元件的运动速度，计算液压缸的面积（液压马达的排量）、所需的油液压力和流量；

② 计算液压泵的工作压力和流量，选择液压泵的规格，确定驱动电机的功率；

③ 根据流经各元件油液的压力和流量，选择阀类元件，确定管道尺寸和油箱容量。

选择元件时应尽量选用标准元件，有特殊要求时才自行设计专用元件。

（5）验算液压系统的性能。

按照上述步骤，在初步确定各个液压元件之后，为了判断液压系统工作性能的好坏，还要对整个液压系统的某些技术性能进行验算。其验算内容包括以下几方面。

① 系统的压力损失验算。

液压元件的规格和管道尺寸确定之后，应估算回路的压力损失，以便确定系统的供油压力，而系统的压力损失的验算工作往往在绘出液压系统和元件的装配草图后进行。如果验算结果大于粗略的估算值，则应修改设计。此时要另选液压泵型号和规格，增大电机功率，或者增大液压缸、液压马达的结构尺寸，以降低系统的工作压力。液压回路中的压力损失在循环中的不向动作阶段是不同的，必须分开计算。

② 系统的发热温升验算。

在液压传动中，压力损失和溢流、泄漏的能量损失绝大部分变为热能，致使系统油温升高。为了保证系统正常工作，油温升高的允许值不应超过规定范围，因而必须验算发热和散热量。由于发热和散热的因素复杂，因此一般仅对油箱的散热进行计算，将发热与散热相比较，以决定采取何种热平衡方式（如增大油箱容积、增加散热设施等）。

③ 其他性能验算。

对精度要求较高的系统，还需要验算液压冲击、换向性能等方面的问题。

（6）绘制正式系统工作图，编制技术文件。

正式工作图包括液压系统原理图、液压系统装配图、各种非标准元件和辅件的零件图及装配图。

① 液压系统原理图中应附有液压元件明细表。表中标明各种液压元件的型号和规格。一般还应给出各执行元件的工作循环图、动作顺序表和简要说明。

② 液压系统装配图是液压系统的正式安装、施工的图纸，包括油箱装配图、泵装置图、管路安装图等。

③ 技术文件包括液压系统设计计算书、标准件和非标准件明细表、液压系统操作使用说明书等内容。

2. 液压系统设计计算举例

下面是某工厂汽缸加工自动线上的一台卧式单面多轴钻孔组合机床液压系统的设计实例。

已知：该钻孔组合机床主轴箱上有 16 根主轴，加工 14 个 $\phi 13.9$ mm 的孔和 2 个 $\phi 8.5$ mm 的孔；刀具为高速钢钻头，工件材料是硬度为 240HB 的铸铁件；机床工作部件总重量 $G = 9810$ N；快进、快退速度 $v_1 = v_3 = 7$ m/min，快进行程长度 $l_1 = 100$ mm，工进行程长度 $l_2 = 50$ mm，往复运动的加速、减速时间希望不超过 0.2 s；液压动力滑台采用平导轨，其静摩擦系数 $f_s = 0.2$，动摩擦系数 $f_d = 0.1$。

要求设计出驱动它的动力滑台的液压系统，以实现"快进→工进→快退→原位停止"的工作循环。下面是该液压系统的具体设计过程，仅供参考。

1）负载分析

（1）工作负载。由切削原理可知，高速钢钻头钻铸铁孔的轴向切削力 F_t 与钻头直径

$D(\text{mm})$、每转进给量 $f(\text{mm/r})$ 和铸件硬度 HB 之间的经验计算式为

$$F_t = 25.5Df^{0.8}(\text{HB})^{0.6} \tag{11-1}$$

根据组合机床的加工特点,钻孔时的主轴转速 n 和每转进给量 f 可选用下列数值:

对 $\phi13.9$ mm 的孔来说,$n_1 = 360$ r/min,$f_1 = 0.147$ mm/r;

对 $\phi8.5$ mm 的孔来说,$n_2 = 550$ r/min,$f_2 = 0.096$ mm/r。

根据式(11-1),求得

$$F_t = 14 \times 25.5 \times 13.9 \times 0.147^{0.8} \times 240^{0.6} + 2 \times 25.5 \times 8.5 \times 0.096^{0.8} \times 240^{0.6}$$
$$= 30468 \text{ N}$$

(2)惯性负载。惯性负载是运动部件的速度变化时,因其惯性而产生的负载。其计算式为

$$F_m = ma \tag{11-2}$$

式中:F_m——惯性负载力(N);

m——运动部件的质量(kg);

a——运动部件的加速度(m/s^2)。

将数据代入式(11-2),求得

$$F_m = ma = \frac{G}{g} \cdot \frac{v}{t} = \frac{9810}{9.81} \times \frac{7}{60 \times 0.2} = 583 \text{ N}$$

(3)阻力负载。

静摩擦阻力:

$$F_{fs} = f_s G = 0.2 \times 9810 \text{ N} = 1962 \text{ N}$$

动摩擦阻力:

$$F_{fd} = f_d G = 0.1 \times 9810 = 981 \text{ N}$$

由此得出,液压缸在各工作阶段的负载如表 11-3 所示。

表 11-3 液压缸在各工作阶段的负载值

工　况	负载组成	负载值 F/N	推力 $\dfrac{F}{\eta_m}/\text{N}$
启　动	$F = F_{fs}$	1962	2180
加　速	$F = F_{fd} + F_m$	1564	1738
快　进	$F = F_{fd}$	981	1090
工　进	$F = F_{fd} + F_t$	31 449	34 943
快　退	$F = F_{fd}$	981	1090

(4)负载图和速度图的绘制。已知快进行程 $l_1 = 100$ mm,工进行程 $l_2 = 50$ mm,快退行程 $l_3 = l_1 + l_2 = 150$ mm。负载图按上面计算的数值绘制,如图 11-10(a)所示。速度图则按已知数值 $v_1 = v_3 = 7$ m/min 和工进速度 v_2 等绘制,如图 11-10(b)所示。其中 v_2 由主轴转速及每转进给量求出,即 $v_2 = n_1 f_1 = n_2 f_2 \approx 0.053$ m/min。

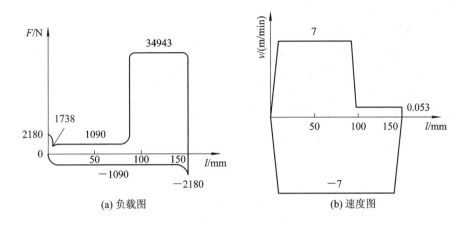

(a) 负载图   (b) 速度图

图 11 - 10   组合机床液压缸的负载图和速度图

2）液压缸主要参数的确定

根据液压执行元件的负载循环图，可以确定系统的最大载荷点，在充分考虑系统所需流量、系统效率和性能要求等因素后，可参照表 11 - 4 或表 11 - 5 选择系统工作压力。

表 11 - 4   按负载选择系统工作压力

负载/kN	<5	5～10	10～20	20～30	30～50	>50
系统压力/MPa	<0.8～1	1.5～2	2.5～3	3～4	4～5	>5～7

表 11 - 5   按主机类型选择系统工作压力

设备类型	机 床				农业机械 汽车工业 小型工程 机械及辅 助机械	工程机械 重型机械 锻压设备 液压支架	船用系统
	磨床	组合机床 牛头刨床 插床 齿轮加工 机床	车床 铣床 镗床	珩磨 机床	拉床 龙门 刨床			
压力/MPa	<2.5	<6.3	2.5～6.3		<10	10～16	16～32	14～25

由表 11 - 4 及表 11 - 5 可知，组合机床液压系统在最大负载约为 35 000 N 时，初取液压缸的进油工作压力 $p_1 = 4$ MPa。

在钻孔加工时，液压缸回油路上必须具有背压 p_2，以防孔被钻通时滑台突然前冲。根据经验，取 $p_2 = 0.8$ MPa。快进时液压缸虽作差动连接，但由于油管中有压差 Δp 存在，有杆腔的压力必须大于无杆腔，估算时可取 $\Delta p \approx 0.5$ MPa。快退时回油腔中也是有背压的，这时 p_2 亦可按 0.5 MPa 估算。

鉴于动力滑台要求快进、快退速度相等，这里的液压缸可选用单杆式的，并在快进时作差动连接。在这种情况下，液压缸无杆腔工作面积 A_1 应取为有杆腔工作面积 A_2 的两倍，即活塞杆直径 d 与缸筒直径 D 的关系为 $d \approx 0.707D$。

可由工进时的推力 F' 计算液压缸面积，即

$$F = F'\eta_m = (p_1 A_1 - p_2 A_2)\eta_m = \left(p_1 A_1 - p_2 \frac{A_1}{2}\right)\eta_m \tag{11-3}$$

式中：F——液压缸的工作载荷（N）；

p_1——液压缸进油腔工作压力（MPa）；

p_2——液压缸回油腔工作压力（MPa）；

A_1——液压缸无杆腔横截面面积（mm²），$A_1 = \pi D^2/4$；

A_2——液压缸有杆腔横截面面积（mm²），$A_2 = \pi(D^2 - d^2)/4$。

将数据代入式（11-3），可得

$$A_1 = \frac{\dfrac{F}{\eta_m}}{p_1 - \dfrac{p_2}{2}} = \frac{34943}{\left(4 - \dfrac{0.8}{2}\right) \times 10^6} = 0.0097 \text{ m}^2$$

$$D = \sqrt{\frac{4A_1}{\pi}} = 0.112 \text{ m}$$

$$d = 0.707D = 0.0786 \text{ m}$$

按 GB/T2348—1993 将这些直径圆整成标准值，$D = 110$ mm，$d = 80$ mm。由此求得液压缸两腔的实际有效面积为

$$A_1 = \frac{\pi D^2}{4} = 9.503 \times 10^{-3} \text{ m}^2$$

$$A_2 = \frac{\pi(D^2 - d^2)}{4} = 4.477 \times 10^{-3} \text{ m}^2$$

经验算，活塞杆的强度和稳定性均符合要求。

根据上述 D 与 d 的值，可估算液压缸在各个工作阶段中的压力、流量和功率，如表11-6所示，并据此绘出工况图如图11-11所示。

表 11-6　液压缸在不同工作阶段的压力、流量和功率值

工况		负载 F'/N	回油腔压力 p_2/MPa	进油腔压力 p_1/MPa	输入流量 $q/(\text{L/min})$	输入功率 P/kW	计算式
快进（差动）	启动	2180	0	0.434	—	—	$p_1 = \dfrac{F' + p_2 A_2}{A_1}$ $q = (A_1 - A_2)v_1$ $P = p_1 q_1$
	回速	1738	$p_2 = p_1 + \Delta p$ ($\Delta p = 0.5$ MPa)	0.791	—	—	
	恒速	1090		0.662	35.19	0.39	
工进		34 943	0.8	4.054	0.5	0.034	$p_1 = \dfrac{F' + p_2 A_2}{A_1}$ $q = A_1 v_2$ $P = p_1 q$
快退	启动	2180	0	0.487	—	—	$p_1 = \dfrac{F' + p_2 A_1}{A_2}$ $q = A_2 v_3$ $P = p_1 q$
	回速	1738	0.5	1.45	—	—	
	恒速	1090		1.305	31.34	0.68	

3）液压系统图的拟定

（1）液压回路的选择。

首先选择调速回路。由图 11-11 所示的工况图可知，这台机床液压系统的功率小，动力滑台工进速度低，工作负载变化小，可采用进口节流的调速形式。为了解决进口节流调

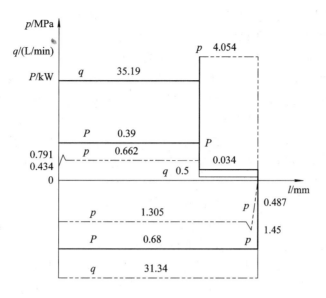

图 11 - 11　组合机床液压缸工况图

速回路在孔钻通时滑台突然前冲的现象，回油路上要设置背压阀。

由于液压系统选用了进口节流调速的方式，因此系统中油液的循环必然是开式的。

从工况图中可以清楚地看到，在这个液压系统的工作循环内，液压缸交替地要求油源提供低压大流量和高压小流量的油液。最大流量与最小流量之比约为 70，而快进、快退所需的时间 t_1 和工进所需的时间 t_2 分别为

$$t_1 = \frac{l_1}{v_1} + \frac{l_2}{v_3} = \frac{l_1 + l_2}{v_1} = \frac{(100 + 50)/1000}{7/60} = 1.29 \text{ s}$$

$$t_2 = \frac{l_2}{v_2} = \frac{50/1000}{0.053/60} = 56.6 \text{ s}$$

即 $t_2/t_1 \approx 26$，因此从提高系统效率、节省能量的角度来看，采用单个定量泵作为油源显然是不合理的，宜采用双泵供油系统，或者采用限压式变量泵加调速阀组成的容积节流调速系统。这里采用双泵供油回路，如图 11 - 12(a) 所示。

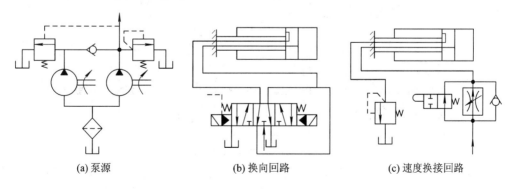

(a) 泵源　　　　　　(b) 换向回路　　　　　(c) 速度换接回路

图 11 - 12　液压回路的选择

其次是选择快速运动和换向回路。系统中采用节流调速回路后，不管采用什么油源形式都必须有单独的油路直接通向液压缸两腔，以实现快速运动。在本系统中，单杆液压缸要作差动连接，而且当滑台由工进转为快退时，回路中通过的流量很大：进油路中通过

31.34 L/min，回油路中通过 31.34×(95/44.77)＝66.50 L/min。为了保证换向平稳，采用电液换向阀式换接回路，所以它的快进、快退换向回路应采用图 11 - 12(b)所示的形式。由于这一回路要实现液压缸的差动连接，因此换向阀必须是五通的。

再次是选择速度换接回路。由图 11 - 11 所示的 q - l 曲线可知，当滑台从快进转为工进时，输入液压缸的流量由 35.19 L/min 降为 0.5 L/min，滑台的速度变化较大，宜选用行程阀来控制速度的换接，以减少液压冲击，如图 11 - 12(c)所示。

最后再考虑压力控制回路。系统的调压问题已在油源中解决，卸荷问题如采用中位机能为 H 型的三位换向阀来实现，则无需再设置专用的元件或油路。

(2) 组装液压回路。

在液压基本回路选择以后，需要将其组装在一起，以便完成一个草拟的液压系统图。图 11 - 13 所示为未设置虚线圆框内元件的系统原理图。将此图仔细检查一遍，可以发现，这个原理图在工作中还存在问题，必须进行如下修改和整理：

① 为了解决滑台工进时图中进油路、回油路相互接通，无法建立压力的问题，必须在液动换向回路中串接一个单向阀a，将工进时的进油路、回油路隔断。

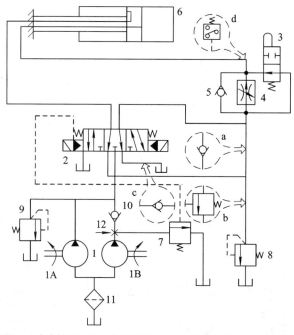

1—双联叶片泵(1A—小流量泵；1B—大流量泵)；2—电液换向阀；3—行程阀；4—调速阀；
5—单向阀；6—液压缸；7—卸荷阀；8—背压阀；9—溢流阀；10—单向阀；11—过滤器；
12—压力表开关；a—单向阀；b—顺序阀；c—单向阀；d—压力继电器

图 11 - 13　液压回路草拟图

② 为了解决滑台快速前进时回油路接通油箱，无法实现液压缸差动连接的问题，必须在回油路上串接一个液控顺序阀b，以阻止油液在快进阶段返回油箱。

③ 为了解决机床停止工作时系统中的油液流回油箱，导致空气进入系统，影响滑台运动平稳性的问题，另外考虑到电液换向阀的启动问题，必须在电液换向阀的出口处增设一个单向阀c。在泵卸荷时，使电液换向阀的控制油路中保持一个满足换向要求的压力。

④ 为了便于系统自动发出快速退回信号，在调速阀输出端需增设一个压力继电器 d。

⑤ 如果将顺序阀 b 和背压阀的位置对调一下，就可以将顺序阀与油源处的卸荷阀合并。经过修改、整理后的液压系统原理图如图 11-14 所示。

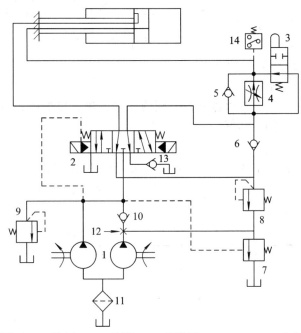

1—双联叶片泵；2—换向阀；3—行程阀；4—调速阀；5、6、10、13—单向阀；
7—顺序阀；8—背压阀；9—溢流阀；11—过滤器；12—压力表开关；14—压力继电器

图 11-14　液压系统图

4）液压元件的选择

（1）液压泵。

液压缸在整个工作循环中的最大工作压力为 4.054 MPa，如取进油路上的压力损失为 0.8 MPa，压力继电器调整压力高出系统最大工作压力之值为 0.5 MPa，则小流量泵的最大工作压力应为

$$p_{P1} = 4.054 + 0.8 + 0.5 = 5.354 \text{ MPa}$$

大流量泵是在快速运动时才向液压缸输油的，由图 9.5 可知，快退时液压缸中的工作压力比快进时大，如取进油路上的压力损失为 0.5 MPa，则大流量泵的最高工作压力为

$$p_{P2} = 1.305 + 0.5 = 1.805 \text{ MPa}$$

两个液压泵应向液压缸提供的最大流量为 35.19 L/min。若回路中的泄漏按液压缸输入流量的 10% 估计，则两个泵的总流量为

$$q_P = 1.1 \times 35.19 \text{ L/min} = 38.71 \text{ L/min}$$

由于溢流阀的最小稳定溢流量为 3 L/min，而工进时输入流压缸的流量为 0.5 L/min，所以小流量泵的流量规格最少应为 3.5 L/min。

根据以上压力和流量的数值查阅产品目录，最后选用相近规格的 PV2R12 型双联叶片泵。其额定压力为 14 MPa，大流量泵的额定流量为 36 L/min，小流量泵的额定流量为 6 L/min。

液压缸在快退时输入功率最大，这相当于液压泵输出压力为 1.805 MPa、流量为 38.7 L/min 时的情况。如果取双联叶片泵的总效率为 $\eta_P = 0.75$，则液压泵驱动电机的功率为

$$P = \frac{p_P q_P}{\eta_P} = \frac{1.805 \times 10^6 \times 38.7 \times 10^{-3}}{0.75 \times 60 \times 10^3} = 1.55 \text{ kW}$$

根据此数值查阅电机产品目录，最后选定 Y100L1 - 4 型电动机，其额定功率为 2.2 kW，满载时转速为 1430 r/min。

（2）阀类元件及辅助元件。

根据液压系统的工作压力和通过各个阀的实际流量就可选择各个阀类元件和辅助元件，其型号可查阅有关液压手册。

（3）油管。

各元件间连接管道的规格一般按元件接口处尺寸决定。液压缸进、出油管则按输入、排出的最大流量计算。由于液压泵选定之后液压缸在各个阶段的进、出流量已与原定数值不同，所以要重新计算，如表 11 - 7 所示。

表 11 - 7　液压缸的进、出流量

	快　进	工　进	快　退
输入流量 L/min	$q_1 = \dfrac{A_1 q^p}{A_1 - A_2^2}$ $= \dfrac{95 \times 42}{95 - 4.77}$ $= 79.43$	$q_1 = 0.5$	$q_1 = q^p = 42$
排出流量 /(L/min)	$q_2 = \dfrac{A_2 q_1}{A_1}$ $= \dfrac{44.77 \times 79.43}{95}$ $= 37.43$	$q_2 = \dfrac{A_2 q_1}{A_1}$ $= \dfrac{0.5 \times 44.77}{95}$ $= 0.24$	$q_2 = \dfrac{A_1 q_1}{A_2}$ $= \dfrac{42 \times 95}{44.77} = 89.12$
运动速度 /(m/min)	$v_1 = \dfrac{q_P}{A_1 - A_2}$ $= \dfrac{42 \times 10}{95 - 44.77}$ $= 8.36$	$v_2 = \dfrac{q_1}{A_1} = \dfrac{0.5 \times 10}{95} = 0.053$	$v_3 = \dfrac{q_1}{A_2} = \dfrac{42 \times 10}{44.77} = 9.38$

根据这些数值，当油液在压力管中流速取 3 m/min 时，按下式算得和液压缸无杆腔及和有杆腔相连的油管内径分别为

$$d_1 = 2 \times \sqrt{\frac{79.43 \times 10^6}{3 \times 10^3 \times 60\pi}} = 23.7 \text{ mm}$$

$$d_2 = 2 \times \sqrt{\frac{42 \times 10^6}{3 \times 10^3 \times 60\pi}} = 17.2 \text{ mm}$$

这两根油管按 JB827—66 标准，都选用内径 20 mm、外径 28 mm 的无缝钢管。

（4）油箱。

油箱容积可按经验公式初步估算为

$$V = Kq \qquad (11-4)$$

式中：V——油箱的容积(L)；

K——经验系数，常取 $K=2\sim12$(同机器类型而定)；

q——液压泵的总额定流量(L/min)。

根据现场情况，当 K 取 6 时，求得其容积为 $V=6\times42=252$ L，选取圆整值 $V=250$L。

(5) 液压系统的性能验算。

① 回路压力损失验算。阀类元件选定后压力损失可以根据流量算出来，但由于系统的具体管路布置尚未确定，整个回路的压力损失仅能估算，因此，回路压力损失等待管路布置后方可精确计算。

② 油液温升的验算。液压系统的全部能耗转化为温升，工进在整个工作循环中所占的时间比例达 96%，所以系统发热和油液温升可用工进时的情况来计算。

工进时液压缸的有效功率为

$$P_{\mathrm{o}} = p_2 q_2 = Fv = \frac{31449 \times 0.053}{60 \times 10^3} = 0.03 \ \mathrm{kW}$$

这时，大流量泵通过液控顺序阀 7 卸荷，顺序阀上的压力损失为 $p_{\mathrm{P1}} = \Delta p_n (q/q_n)^2$，其额定流量为 63 L/min，额定压力损失为 0.3 MPa，小流量泵在高压下供油，所以两个泵的总输入功率为

$$P_{\mathrm{i}} = \frac{p_{\mathrm{P1}} q_{\mathrm{P1}} + p_{\mathrm{P2}} q_{\mathrm{P2}}}{\eta_{\mathrm{P}}} = \frac{0.3 \times 10^6 \times (36/63)^2 \times 36 \times 10^{-3} + 5.354 \times 10^6 \times 6 \times 10^{-3}}{0.75 \times 60 \times 10^3}$$

$$\approx 0.79 \ \mathrm{kW}$$

由此得液压系统的发热量为

$$Q_{\mathrm{H}} = P_{\mathrm{i}} - P_{\mathrm{o}} = 0.79 - 0.03 = 0.76 \ \mathrm{kW}$$

对于长方体钢板焊接油箱，油箱散热面积为

$$A = 6.66 \times \sqrt[3]{V^2} = 6.66 \times \sqrt[3]{(250 \times 10^{-3})^2} = 2.64 \ \mathrm{m}^2$$

接下来求油液温升的近似值。当通风良好时，取散热系数 $K=16$，则油液温升为

$$\Delta t = \frac{Q_{\mathrm{H}}}{KA} = \frac{0.76 \times 10^3}{16 \times 2.64} = 18 ℃$$

一般情况下，油液温升允许 $25℃\sim30℃$，没有超出允许范围，故满足要求。若油液温升较大，则可以增大油箱散热面积；若油温温升过大，则需设置冷却器。

【任务实施】

一、MJ - 50 数控车床液压系统的分析和仿真

1. 液压系统的分析

图 11-15 所示为 MJ-50 数控车床液压系统原理图，它主要承担卡盘、回转刀架与刀盘及尾架套筒的驱动与控制。液压系统的所有电磁铁的通、断均由数控系统用 PLC 来控制。

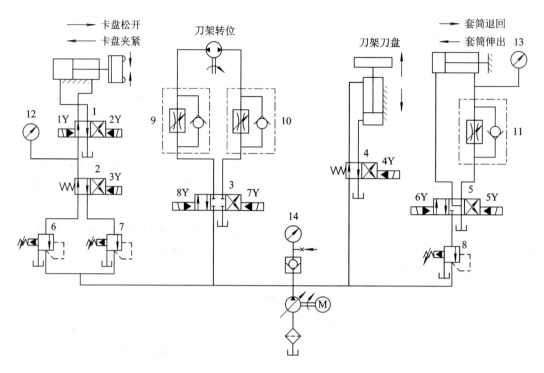

图 11-15 液压系统图

1) 卡盘分系统

(1) 高压夹紧：3Y 失电，1Y 得电，换向阀 2 和 1 均位于左位。分系统的进油路：液压泵→减压阀 6→换向阀 2→换向阀 1→液压缸右腔。回油路：液压缸左腔→换向阀 1→油箱。这时活塞左移使卡盘夹紧(称正卡或外卡)，夹紧力的大小可通过减压阀 6 调节。由于阀 6 的调定值高于阀 7，所以卡盘处于高压夹紧状态。松夹时，使 2Y 得电、1Y 失电，阀 1 切换至右位。进油路：液压泵→减压阀 6→换向阀 2→换向阀 1→液压缸左腔。回油路：液压缸右腔→换向阀 1→油箱。活塞右移，卡盘松开。

(2) 低压夹紧：油路与高压夹紧状态基本相同，唯一不同的是这时 3Y 得电而使阀 2 切换至右位，因而液压泵的供油只能经减压阀 7 进入分系统。通过调节阀 7 便能实现低压夹紧状态下的夹紧力。

2) 回转刀盘分系统

回转刀盘分系统有两个执行元件，刀盘的松开与夹紧由液压缸执行，而液压马达则驱动刀盘回转。

刀盘的完整旋转过程：刀盘松开→刀盘通过左转或右转就近到达指定刀位→刀盘夹紧。因此，电磁铁的动作顺序：4Y 得电(刀盘松开)→8Y(正转)或 7Y(反转)得电(刀盘旋转)→8Y(正转时)或 7Y(反转时)失电(刀盘停止转动)→4Y 失电(刀盘夹紧)。

3) 尾架套筒分系统

尾架套筒通过液压缸实现顶出与缩回。

通过以上的系统分析可知，数控机床液压系统的特点如下：

(1) 数控机床控制的自动化程度要求较高，类似于机床的液压控制，它对动作的顺序要求较严格，并有一定的速度要求。液压系统一般由数控系统的 PLC 或 CNC 来控制，所以动作顺序直接用电磁换向阀切换来实现的较多。

（2）由于数控机床的主运动已趋于直接用伺服电动机驱动，所以液压系统的执行元件主要承担各种辅助功能，虽其负载变化幅度不是太大，但要求稳定。因此，常采用减压阀来保证支路压力的恒定。

2. 液压系统回路的仿真

利用软件进行液压系统回路的仿真。

二、任务评价

序号	考　核　点	教师评价	配分	得分
1	本系统所用元件的作用		20	
2	本系统包含的基本回路		20	
3	本系统的工作原理分析		20	
4	仿真回路的调试过程		40	

【知识检测】

1. 试分析 YT4345 型动力滑台的液压系统是如何实现差动连接的，液控顺序阀 6 起什么作用。

2. 图 11 - 16 所示是某专用机床的液压系统原理图。该系统有定位、夹紧油缸和主工作油缸两个液压缸。它们的工作循环为：定位、夹紧→快进→一工进→二工进→快退→松开、拔销→原位停止、泵卸荷。回答下列问题：

（1）根据动作循环，作出电磁阀动作循环表。用符号"＋"表示电磁阀通电，符号"－"表示断电。

（2）说明标记为 a、b、c 的三个阀分别在系统中所起的作用。

（3）减压阀、溢流阀调压的依据是什么？

3. 图 11 - 17 为某组合机床液压系统原理图，该系统有定位油缸、夹紧油缸和主工作油缸三个液压缸。它们的工作循环为：定位→夹紧→快进→工进→快退→松开、拔销→原位停止、泵卸荷。回答下列问题：

（1）根据动作循环，绘制电磁铁的动作循环表。用符号"＋"表示电磁阀通电，符号"－"则表示断电。

（2）说明标号为 a、b、c 的阀在系统中所起的作用。

（3）液控顺序阀调压的依据是什么？溢流阀调压的依据是什么？

4. 试设计一台板料折弯机液压系统。要求完成的动作循环为：快进→工进→快退→停止，且动作平稳。根据实测，最大推力为 15 kN，快进快退速度为 3 m/min，工作进给速度为 1.5 m/min，快进行程为 0.1 m，工进行程为 0.15 m。

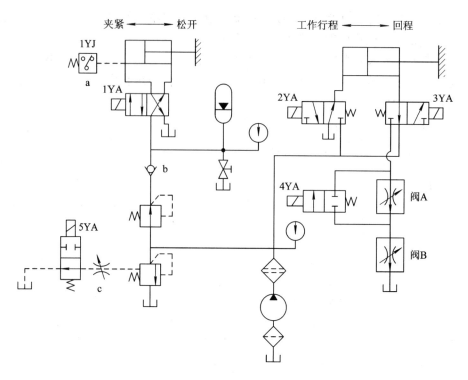

图 11-16 某专用机床的液压系统原理图

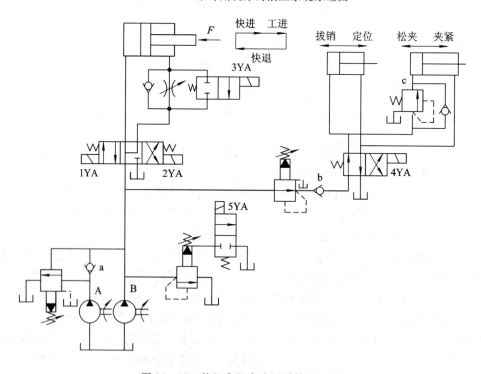

图 11-17 某组合机床液压系统原理图

模块三　气压传动技术

气压传动是指以压缩空气为工作介质来传递运动和动力的一门技术。由于它具有防火、防爆、节能、无污染等优点，因此气动技术已广泛应用于国民经济的各个部门，特别是在工业机械手、高速机械手等自动化控制系统中的应用越来越多。气压传动简称为气动。

气压传动和液压传动都以流体作为工作介质，所以气压传动与液压传动在基本原理、组成、结构等方面有很多相似之处，因此气动部分的学习可以借鉴前面液动部分的相关知识。

本模块主要学习气压系统的工作原理，气压系统的组成，气压元件的结构、原理、职能符号等，以使读者掌握各类气压元件在液压系统中的作用及应用场合。

学习情境 12　气压传动技术概述

【任务描述】

气压传动的应用非常广泛。图 12-1 所示为气动剪切机的工作原理图，图示位置为剪切前的情况。要了解它的工作原理，必须学习气压传动的工作原理及特点。

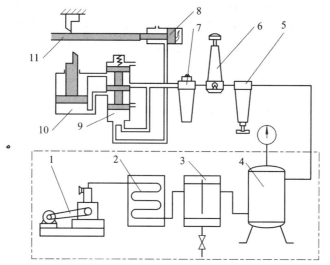

1—空气压缩机；2—冷却器；3—分水排水器；4—储气罐；5—空气过滤器；
6—减压阀；7—油雾器；8—行程阀；9—换向阀；10—气缸；11—工料

图 12-1　气动剪切机的工作原理图

【任务分析】

要想完成分析气压系统工作原理的任务，首先要了解气压系统的组成，认识图中各元件，分析各元件的作用，并联系本书前面部分的液压传动知识，因此必须学习相关知识，提高认知能力。

【任务目标】

（1）掌握气压传动的基本工作原理；

（2）掌握气压传动的组成及各部分的功能；

（3）了解气压传动的特点。

【相关知识】

一、气压传动的工作原理

气压传动的工作原理是利用空气压缩机把电动机或其他原动机输出的机械能转换为空

气的压力能,然后在控制元件的作用下,通过执行元件把压力能转换为直线运动或回转运动形式的机械能,从而完成各种动作,并对外做功。

气压传动工作过程概括为压缩空气的产生与净化、净化空气的调节与控制、执行机构完成工作机的要求。如图 12-2 所示,气源装置是由电动机 1 带动空气压缩机 2 产生压缩空气,经冷却、油水分离后进入储气罐 3 备用;压缩空气从储气罐引出经空气过滤器 12 再次净化,然后经压力控制阀 4、油雾器 11、逻辑元件 5、方向控制阀 6 和流量控制阀 7 到达气缸 9,通过机控阀 8 控制完成气缸所需的动作,消声器 10 消除噪音。

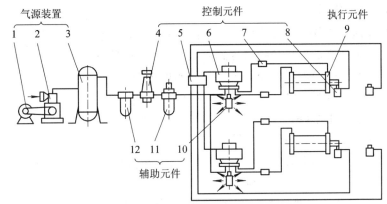

1—电动机；2—空气压缩机；3—储气罐；4—压力控制阀；5—逻辑元件；6—方向控制阀；
7—流量控制阀；8—机控阀；9—气缸；10—消声器；11—油雾器；12—空气过滤器

图 12-2　气压传动系统

二、气压传动的组成

气压传动系统和液压传动系统类似,也是由五部分组成的。

1. 气源装置

气源装置是获得压缩空气的装置,其主体部分是空气压缩机,它将原动机供给的机械能转变为气体(工作介质)的压力能。

2. 控制元件

控制元件用来控制压缩空气的压力、流量和流动方向,以便使执行机构完成预定的工作循环,它包括各种压力控制阀、流量控制阀和方向控制阀等。

3. 执行元件

执行元件是将气体的压力能转换成机械能的一种能量转换装置。它包括实现直线往复运动的气缸和实现连续回转运动或摆动的气马达或摆动马达等。

4. 辅助元件

辅助元件是保证压缩空气的净化、元件的润滑、元件间的连接及消声等所必需的元件,包括过滤器、油雾器、管接头及消声器等。

5. 工作介质

工作介质是经除水、除油、过滤后的压缩空气。

三、气压传动的特点

气动技术在国外发展很快，在国内也被广泛应用于机械、电子、轻工、纺织、食品、医药、包装、冶金、石化、航空、交通运输等各个工业部门。气动机械手、组合机床、加工中心、生产自动线、自动检测和实验装置等已大量涌现，它们在提高生产效率、自动化程度、产品质量、工作可靠性和实现特殊工艺等方面显示出了极大的优越性。气压传动与机械、电气、液压传动相比具有以下特点。

1. 气压传动的优点

（1）工作介质是空气，与液压油相比可节约能源，而且取之不尽、用之不竭。气体不易堵塞流动通道，使用之后可将其随时排到大气中，不污染环境。

（2）空气的特性受温度影响小。在高温下能可靠地工作，不会发生燃烧或爆炸，且温度变化对空气的黏度影响极小，故不会影响传动性能。

（3）空气的黏度很小（约为液压油的万分之一），所以流动阻力小，在管道中流动的压力损失较小，便于集中供应和远距离输送。

（4）相对于液压传动而言，气压传动动作迅速、反应快，一般只需 0.02～0.3 s 就可达到工作压力和速度要求。液压油在管路中流动速度一般为 1～5 m/s，而气体的流速最小也大于 10 m/s，有时甚至达到音速，排气时还可达到超音速。

（5）气体压力具有较强的自保持能力，即使压缩机停机，关闭气阀，但装置中仍然可以维持一个稳定的压力。液压系统要保持压力，一般需要能源泵持续工作或另加蓄能器，而气体通过自身的膨胀性可维持承载缸的压力基本不变。

（6）气动元件可靠性高，寿命长。电气元件可运行百万次，而气动元件可运行 2000 万到 4000 万次。

（7）工作环境适应性好，特别是在易燃、易爆、多尘、强磁、辐射、振动等恶劣环境中，比液压、电子、电气传动和控制优越。

（8）气动装置结构简单，成本低，维护方便，具有过载自动保护功能。

2. 气压传动的缺点

（1）由于空气的可压缩性较大，因此气动装置的动作稳定性较差，外载荷变化时，对工作速度的影响较大。

（2）由于工作压力低，因此气动装置的输出力或力矩受到限制。在结构尺寸相同的情况下，气压传动装置比液压传动装置输出的力要小得多，一般而言，不宜大于 10～40 kN。

（3）气动装置中的信号传动速度比光、电控制速度慢，所以不宜用于信号传递速度要求十分高的复杂线路中。同时实现生产过程的遥控也比较困难，但对一般的机械设备，气动信号的传递速度是能满足工作要求的。

（4）噪声较大，尤其是在超音速排气时要加消声器。

四、气动技术的应用

目前气动技术已广泛应用于国民经济的各个部门，而且应用范围越来越广。图 12-3 所示为气动生产线和气动机械臂。

(a) 气动生产线

(b) 气动机械臂

图 12-3　气动技术的应用

在食品加工和包装工业中，气动技术因其卫生、可靠和经济而得到了广泛应用，如在收割芦笋之后，采用气动技术可以对其进行剥皮，并轻轻除去其中的苦纤维，而不损伤可口的笋尖。在饮料厂和酒厂里，气动系统完成对玻璃瓶的抓取功能时可以实现软抓取，即使玻璃瓶比允许误差大，也不会被抓碎。这主要是由于气缸中的空气是可压缩的，其作用就像缓冲垫一样，气爪可以简单地调整至不同尺寸大小，以免导致玻璃瓶破裂。当然，这种优点可以适用于整个玻璃制品的生产中，玻璃制品生产也是气动技术应用的一个常见领域。

绝大多数具有管道生产流程的各生产部门都可以采用气动。例如，有色金属冶炼工业中，在温度高、灰尘多的场合往往不宜采用电机驱动或液压传动，采用气动就比较安全可靠，如高炉炉门的启闭常由气动完成。

在轻工业中，电气控制和气动控制一样应用，其功能大致相同。凡输出力要求不大、动作平稳性或控制精度要求不太高的场合，均可以采用气动控制，成本比电气装置要低得多。对黏稠液体(如牙膏、化妆品、油漆、油墨等)进行自动计量灌装时采用气动控制，不仅能提高工效，减轻劳动强度，而且因有些液体具有易挥发性和易燃性，采用气动控制比较安全。对于制药工业、卷烟工业等领域，气动控制由于其无污染性而具有更强的优势，所以有广泛的应用前景。

【任务实施】

一、注意事项

(1) 电源模块的工作电压是 220 V，在做实验的过程中，请务必注意人身安全。

(2) 该实验练习系列使用的气缸元件以及电气装置均采用超低电压 24VDC，在做系列练习时，不允许学员在较高电压的装置上工作，更不允许带电操作。磁性开关的工作电压也是直流的 24 V，其棕色一头接正极，蓝色一头接负极。

（3）PLC 模块是比较昂贵的器件，使用时注意接线一定要正确，否则会烧坏 PLC。

（4）在通常情况下，使用气动元件做实验时不会有特殊的危险，尽管如此，但所有的布管工作不可以带气操作，要求关闭压缩机再操作。

（5）实验实习时要注意，在确保元件和快速接头锁定后才可使用，有压缩空气时不可从快速接头把气管脱掉，有气时会有抽打现象，小心打伤眼睛。

（6）当接通压缩空气时，气缸有可能会出现不由自主的运动，不要接触任何运动的部件（如活塞杆、换向凸轮），小心手指在限位开关和换向凸轮之间夹伤。

（7）实验完成后拔掉快速接头时需一只手按住元件卡环，另一只手紧紧握住气管末端，然后拔掉气管。

二、实训内容

（1）独立分析气动剪切机的工作原理。

（2）用符号表示气动剪切机的工作原理图。

【知识检测】

1. 气压传动系统由哪几部分组成？其作用分别是什么？

2. 气压传动系统具有哪些特点？

学习情境 13 气 动 元 件

【任务描述】

气压传动和液压传动一样，很重要的一部分就是各种各样的阀。图 13 - 1 所示为各种气压阀。要想知道这些阀在气动回路中发挥着怎样的作用，就必须先理解各种阀的结构和工作原理，然后对应气压传动回路，熟悉各种阀的功用。

图 13 - 1 气压阀

【任务分析】

气压传动在现实生活中的应用非常广泛，只有认识各个元件的结构，了解其工作原理，才能进一步了解气压回路的工作原理。

【任务目标】

(1) 掌握气源装置的组成及工作原理；

(2) 能够正确认识各气压元件及其与液压元件的区别。

【相关知识】

气动元件是组成气压传动系统的最小单元，分为动力元件(气源装置)、控制元件、执行元件和气动辅助元件四类。

一、气源装置

气源装置是气动系统的动力源，它提供清洁、干燥、具有一定压力和流量的压缩空气，满足不同使用场合对压缩空气质量的要求。气源装置一般包括生产压缩空气的气压发生装置，如空气压缩机。

空气压缩机是将机械能转化成气体压力能的能量转换装置，其种类很多。空气压缩机按工作原理可分为容积型压缩机和速度型压缩机。容积型压缩机的工作原理是压缩气体的体积，使单位体积内气体分子的密度增大以提高压缩空气的压力。速度型压缩机的工作原理是提高气体分子的运动速度，然后使气体的动能转化为压力能以提高压缩空气的压力。

气压传动系统中最常用的空气压缩机是往复活塞式，其工作原理是通过曲柄连杆机构使活塞作往复运动而实现吸、压气，并达到提高气体压力的目的，如图13-2所示。当活塞3向右运动时，气缸2内活塞左腔的压力低于大气压力，吸气阀9被打开，空气在大气压力作用下进入气缸2内，这个过程称为"吸气过程"。当活塞3向左移动时，吸气阀9在缸内压缩气体的作用下关闭，缸内气体被压缩，这个过程称为压缩过程。当气缸内空气压力增高到略高于输气管内压力后，排气阀1被打开，压缩空气进入输气管道，这个过程称为"排气过程"。活塞3的往复运动是由电动机带动曲柄转动，通过连杆、滑块、活塞杆转化为直线往复运动而产生的。图中只表示了一个活塞一个缸的空气压缩机，大多数空气压缩机是多缸多活塞的组合。

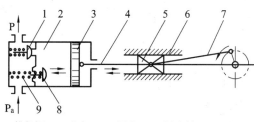

1—排气阀；2—气缸；3—活塞；4—活塞杆；
5、6—十字头与滑道；7—连杆；8—曲柄；9—吸气阀

图13-2 空气压缩机的工作原理图

二、控制元件

控制元件的作用是调节压缩空气的压力、流量、方向以及发送信号，以保证气动执行元件按规定的程序正常动作。控制元件按功能可分为压力控制阀、流量控制阀和方向控制阀以及实现一定逻辑功能的逻辑元件。

1. 压力控制阀

1) 减压阀

减压阀的作用是将出口压力调节在比进口压力低的调定值上，并能使输出压力保持稳定（又称调压阀）。减压阀分为直动式和先导式两种。

图13-3所示为常用的QTY型直动式减压阀的结构原理图，当顺时针方向调整手轮1时，调压弹簧2和3推动膜片5和进气阀芯9向下移动，使阀口启动，气流通过阀口后压力降低。与此同时，有一部分气流由阻尼管孔7进入膜片室，在膜片下面产生一个向上的推力与弹簧力平衡，减压阀便有了稳定的输出压力。当输入压力升高时，输出压力也随之升高，使膜片下面的压力也升高，将膜片向上推，阀芯便在复位弹簧10的作用下向上移动，从而使阀口开度减小，节流作用增强，使输出压力降低到调定值为止。反之，若因输入压力下降而引起输出压力下降，通过自动调节，最终也能使输出压力回升到调定压力，以维持压力稳定。调节手轮1即可改变调定压力的大小。

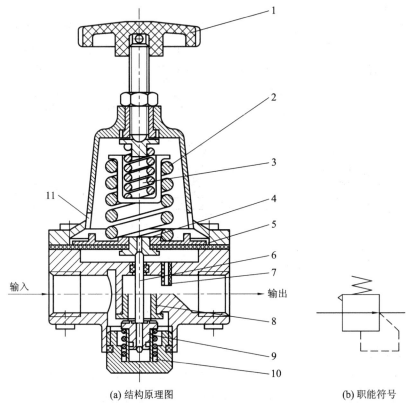

(a) 结构原理图　　　　　　(b) 职能符号

1—手轮；2、3—调压弹簧；4—溢流口；5—膜片；6—阀杆；
7—阻尼管孔；8—阀座；9—进气阀芯；10—复位弹簧；11—排气口

图 13-3　QTY 型直动式减压阀

2）溢流阀

当储气罐或回路中压力超过某调定值时，要用溢流阀向外放气，溢流阀在系统中起过载保护作用。当系统中气体压力在调定范围内时，作用在活塞 3 上的压力小于弹簧 2 的力，活塞处于关闭状态，如图 13-4(a)所示。当系统压力升高，作用在活塞 3 上的压力大于弹簧的预定压力时，活塞 3 向上移动，阀门开启排气，如图 13-4(b)所示。

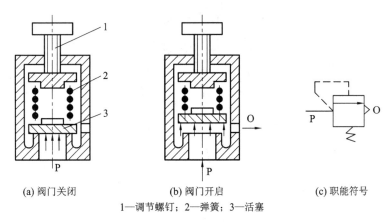

(a) 阀门关闭　　　　(b) 阀门开启　　　　(c) 职能符号

1—调节螺钉；2—弹簧；3—活塞

图 13-4　溢流阀的工作原理图及职能符号

3）顺序阀

顺序阀是依靠气路中压力的作用而控制执行元件按顺序动作的压力控制阀，其作用和工作原理与液压顺序阀的基本相同。顺序阀常与单向阀并联组成单向顺序阀。图 13-5 所示为单向顺序阀的工作原理图及职能符号。当压缩空气由左端进入阀腔后，作用于活塞 3 上的气压力超过压缩弹簧 2 上的力时，将活塞顶起，压缩空气从 P 经 A 输出，此时单向阀 4 关闭。反向流动时，输入侧变成排气口，输出侧压力将顶开单向阀 4 由 O 口排气。

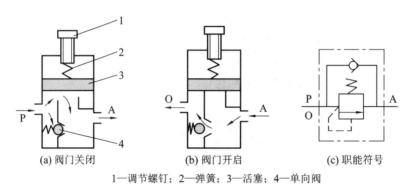

(a) 阀门关闭　　　(b) 阀门开启　　　(c) 职能符号

1—调节螺钉；2—弹簧；3—活塞；4—单向阀

图 13-5　单向顺序阀的工作原理图及职能符号

2．流量控制阀

流量控制阀的作用是通过改变阀的通气面积来调节压缩空气的流量，控制执行元件的运动速度。流量控制阀主要包括节流阀、单向节流阀、排气节流阀等。

1）节流阀

图 13-6 所示为圆柱斜切型节流阀的结构图职能。压缩空气由 P 口进入，经过节流后，由 A 口流出。旋转阀芯螺杆，就可改变节流口的开度，这样就调节了压缩空气的流量。由于这种节流阀的结构简单，体积小，因此其应用范围较广。

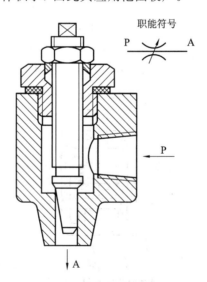

图 13-6　圆柱斜切型节流阀的结构图和职能符号

2）单向节流阀

单向节流阀是由单向阀和节流阀并联而成的组合式流量控制阀。如图 13-7(a)所示，当气流沿着一个方向流动时，经过节流阀节流；当气流反方向流动时，单向阀打开，如图13-7(b)所示。单向节流阀常用于气缸的调速和延时回路。

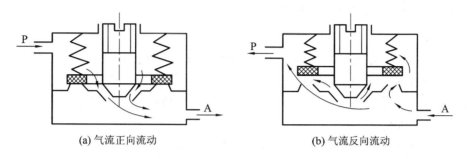

(a)气流正向流动   (b)气流反向流动

图 13-7 单向节流阀的结构原理图

3. 方向控制阀

方向控制阀是通过改变压缩空气的流动方向和气流的通断来控制执行元件启动、停止及运动方向的气动阀。方向控制阀种类很多，与液压方向控制阀的分类相似，故不再重复。

1）单向型方向控制阀（单向阀）

单向阀是气流只能向一个方向流动而不能反向流动的方向控制阀。如图 13-8 所示，其工作原理及职能符号和液压单向阀一致，只不过气动单向阀的阀芯和阀座之间是靠密封垫密封的。当压缩空气从图示 P_1 口进入时，克服弹簧力和摩擦力使单向阀阀口开启，压缩空气从 P_1 口流至 P_2 口；当 P_1 口无压缩空气时，在弹簧力和 P_1 口余气压力作用下，阀口处于关闭状态，此时 P_1 口和 P_2 口气流不同。

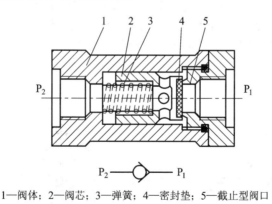

1—阀体；2—阀芯；3—弹簧；4—密封垫；5—截止型阀口

图 13-8 单向阀的结构原理图及职能符号

2）换向型方向控制阀

换向型方向控制阀通过改变气流通道而使气流流动方向发生变化，从而达到改变气动执行元件运动方向的目的。由于其换向原理与相同类型的液压阀相似，因此这里不再重复介绍。

三、执行元件

执行元件是将压缩空气的压力能转换为机械能的装置，包括气缸和气动马达。气缸用于直线往复运动或摆动，气动马达用于实现连续回转运动。气缸和气动马达在结构和工作原理上分别与液压缸和液压马达相似。

1. 气缸

气缸是输出往复直线运功或者摆动运动的执行元件。气缸在气动系统中应用广泛，品种较多，按作用方式分为单作用式和双作用式；按结构形式分为活塞式、柱塞式、叶片式、薄膜式；按功能分为普通气缸和特殊气缸（如冲击式、回转式、气液阻尼式等）。

1）单作用气缸

图 13-9 所示为单作用气缸的结构简图。所谓单作用气缸，是指压缩空气仅在气缸的一端进气，并推动活塞（或柱塞）运动，而活塞或柱塞的返回借助于其他外力，如弹簧力、重力等。单作用气缸多用于短行程及活塞杆推力、运动速度要求不高的场合。

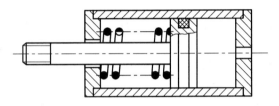

图 13-9　单作用气缸的结构简图

2）薄膜式气缸

图 13-10 所示为薄膜式气缸的结构原理图。薄膜式气缸是一种利用压缩空气通过膜片推动活塞杆做往复直线运动的气缸。它由缸体、膜片、膜盘和活塞杆等主要零件组成，其功能类似于活塞式气缸，它分为单作用式和双作用式两种。薄膜式气缸的膜片可以做成盘形膜片和平膜片两种形式。膜片形式为夹织物橡胶、钢片或磷青铜片，常用的是夹织物橡胶，橡胶的厚度为 5~6 mm，有时也可用厚度为 1~3 mm 的橡胶。金属式膜片只用于行程较小的薄膜式气缸中。

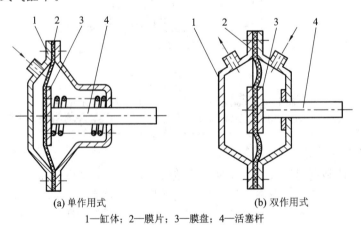

(a) 单作用式　　　　　　　　(b) 双作用式

1—缸体；2—膜片；3—膜盘；4—活塞杆

图 13-10　薄膜式气缸式的结构简图

与活塞式气缸相比较，薄膜式气缸具有结构简单、紧凑、制造容易、成本低、维修方便、寿命长、泄漏小、效率高的优点。但是膜片的变形量有限，故其行程短（一般不超过40～50 mm），且气缸活塞杆上的输出力随着行程的加大而减小。

3）冲击式气缸

冲击式气缸是一种体积小、结构简单、易于制造、耗气功率小，但能产生相当大的冲击力的一种特殊气缸。与普通气缸相比，冲击式气缸的结构特点是增加了一个具有一定容积的蓄能腔和喷嘴。图 13-11 所示为冲击式气缸的结构简图。冲击式气缸的整个工作过程可简单地分为三个阶段。

第一个阶段，压缩空气由孔 A 输入冲击缸的下腔，经孔 B 排气，活塞上升并用密封垫封住喷嘴，中盖和活塞间的环形空间经排气孔与大气相通。

第二阶段，压缩空气改由孔 B 进气，输入蓄气缸中，冲击缸下腔经孔 A 排气。由于活塞上端气压作用在喷嘴上的面积较小，而活塞下端受力面积较大，因此一般设计成喷嘴面积的 9 倍，缸下腔的压力虽因排气而下降，但此时活塞下端向上的作用力仍然大于活塞上端向下的作用力。

第三阶段，蓄气缸的压力继续增大，冲击缸下腔的压力继续降低，当蓄气缸内压力高于活塞下腔压力的 9 倍时，活塞开始向下移动，活塞一旦离开喷嘴，蓄气缸内的高压气体迅速充入到活塞与中间盖

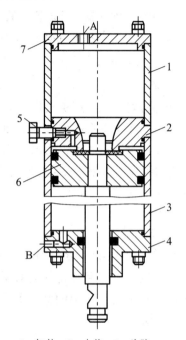

1—缸体；2—中盖；3—头腔；
4、7—端盖；5—排气塞；6—活塞

图 13-11　冲击式气缸的结构简图

间的空间，使活塞上端受力面积突然增加 9 倍，于是活塞将以极大的加速度向下运动，气体的压力能转换成活塞的动能，产生很大的冲击力。

2. 气动马达

气动马达是输出旋转运动机械能的执行元件。它有多种类型，按工作原理可分为容积式和涡轮式两种，其中容积式较常见。按结构不同可将气动马达分为轮齿式、叶片式、活塞式、螺杆式和膜片式。

图 13-12 所示为叶片式气动马达的结构原理图。压缩空气由 A 孔输入，小部分经定子两端密封盖的槽进入叶片 1 底部（图中未表示），将叶片推出，使叶片紧贴在定子内壁上；大部分压缩空气进入相应的密封空间而作用在两个叶片上，由于两叶片长度不等，就产生了转矩差，使叶片和转子逆时针方向旋转。做功后的气体由定子上 C 孔和 B 孔排出，若改变压缩空气的输入方向，则可改变转子的转向。

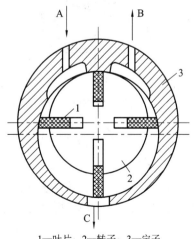

1—叶片；2—转子；3—定子

图 13-12　叶片式气动马达的结构原理图

四、气动辅助元件

气动辅助元件主要有空气净化装置（包括冷却器、储气罐、空气过滤器、空气干燥器等）、消声器、油雾器、管道连接管等。空气压缩机产生的压缩空气含有油污、水分和灰尘等杂质，必须经过降温、除油、干燥和过滤等一系列处理后才能供气动系统使用。

1. 空气净化装置

1）冷却器

冷却器安装在空压机出口，作用是将空气压缩机排出的压缩空气由 140℃～170℃ 降至 40℃～50℃，使压缩空气中的油雾和水汽迅速达到饱和，让大部分油雾和水汽析出并凝结成油滴和水滴，以便经油水分离器排出。冷却器按冷却方式不同有水冷和气冷两种方式。为达到降温效果，安装时要特别注意冷却水和压缩空气的流动方向。另外，冷却器属于主管道净化装置，应符合压力容器安全规则的有关规定。图 13-13 为蛇管式冷却器及其图形符号。

2）储气罐

储气罐的作用是储存一定数量的压缩空气，以备发生故障时或临时需要应急使用，消除由于空气压缩机断续排气而对系统引起的压力脉动，保证输出气流的连续性和平稳性，进一步分离压缩空气中的油、水等杂质。储气罐一般采用焊接结构，以立式居多，如图 13-14 所示。

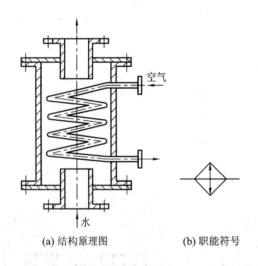

(a) 结构原理图　　　　(b) 职能符号

图 13-13　蛇管式冷却器

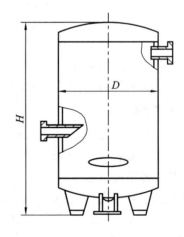

图 13-14　储气罐的结构简图

3）空气过滤器

空气过滤器的作用是进一步滤除压缩空气中的杂质，达到系统所要求的净化程度。空气过滤器按过滤效率由低到高可分为一次过滤器、二次过滤器和高效过滤器三种。

一次过滤器也称简易空气过滤器，由壳体和滤芯组成，滤芯材料多为纸质或金属。空气在进入空气压缩机之前必须先经过一次过滤器的过滤。

二次过滤器也称空气过滤器或分水滤气器，其结构原理图和职能符号如图 13-15 所示。压缩空气由输入口引入，从而带动高速旋转的旋风叶子1，其上开有许多成一定角度的缺口，迫使空气沿切线方向强烈旋转，从而使空气中的水分、油分等杂质因离心力而被分离出来，沉降于存水杯3的底部，然后空气通过中间的滤芯2，得到再次过滤，最后经输出口输出。挡水板4的作用是防止水杯底部的污水被卷起，污水可通过定期打开手动排水阀5排出。某些不便手动操作的场合，可采用自动排水装置。

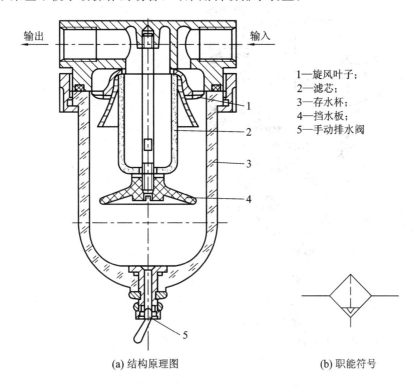

1—旋风叶子；
2—滤芯；
3—存水杯；
4—挡水板；
5—手动排水阀

(a) 结构原理图　　　　　　　　(b) 职能符号

图 13-15　空气过滤器

4）空气干燥器

经过后冷却器、油水分离器和储气罐后得到初步净化的压缩空气，已可满足一般气压传动的需要，但压缩空气中仍含一定量的油、水以及少量的粉尘，如果用于精密的气动装置、气动仪表等，上述压缩空气还必须进行干燥处理。

压缩空气干燥方法主要采用吸附法和冷却法。吸附法是利用具有吸附性能的吸附剂（如硅胶铝胶等）来吸附压缩空气中含有的水分，从而使其干燥。冷却法是利用制冷设备使空气冷却到一定的露点温度，析出空气中超过饱和水蒸气部分的多余水分，从而达到所需的干燥度。吸附法最普通。图 13-16 所示为吸附式干燥器的结构简图。其外壳呈筒形，其中分层设置栅板、吸附剂、滤网等。湿空气从管1进入干燥器，通过吸附剂层21、过滤网20、上栅板19和下部吸附层16后，因其中的水分被吸附剂吸收而变得很干燥，然后，依次经过过滤网15、下栅板14和过滤网12，干燥、洁净的压缩空气便从输出管8排出。

5）油水分离器

油水分离器也称除油器，安装在后冷却器出口，作用是分离并排出压缩空气中凝聚的油分、水分等，使压缩空气得到初步净化。油水分离器有撞击挡板式、环形回转式、离心旋

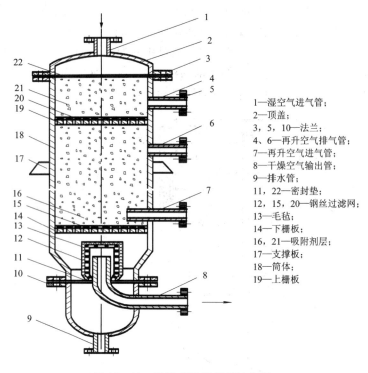

1—湿空气进气管;
2—顶盖;
3，5，10—法兰;
4、6—再升空气排气管;
7—再升空气进气管;
8—干燥空气输出管;
9—排水管;
11，22—密封垫;
12，15，20—钢丝过滤网;
13—毛毡;
14—下栅板;
16，21—吸附剂层;
17—支撑板;
18—筒体;
19—上栅板

图 13-16　吸附式干燥器的结构图

转式和水浴式等。图 13-17 所示为撞击挡板式除油器，压缩空气从入口进入，受到隔离板的阻挡转而向下流动，再折返向上回升并形成环形气流，气体最后通过除油器上部从出口流出。空气流动过程中，由于油分和水分的密度比空气大，因此在惯性力和离心力的作用下分离析出，沉降于除油器底部，定期打开阀门排出。

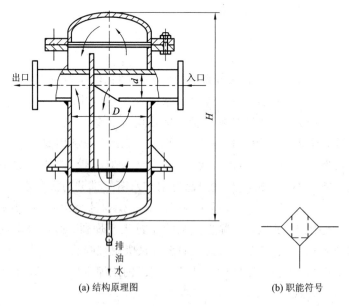

(a) 结构原理图　　　　　(b) 职能符号

图 13-17　撞击挡板式除油器

2. 油雾器

气动系统中的气动控制阀、气动马达和气缸等大都需要润滑。油雾器是一种特殊的润滑装置，它可将润滑油雾化后混合于压缩空气中，并随其进入需要润滑的部位。这种润滑方法具有润滑均匀、稳定，耗油量少和不需要大的储油设备等优点。过滤器、油雾器和减压阀常组合使用，统称气动三大件。

图 13 – 18 所示为普通油雾器的结构原理图和职能符号。气动系统在正常工作时，压缩空气经气流入口 1 进入油雾器，大部分经出口 4 输出，一小部分通过小孔 2 进入截止阀 10，在钢球的上下表面形成压力差，和弹簧力相平衡，钢球处于阀座的中间位置，压缩空气经截止阀 10 侧面的小孔进入储油杯 5 的上腔 A，使油面压力增高，润滑油经吸油管 11 向上顶开单向阀 6，继续向上再经可调节流阀 7 流入视油器 8 内，最后滴入喷嘴小孔 3 中，被从入口到出口的主管道中通过的气流引射出来且呈雾状，随压缩空气输出。

当气动系统不工作即没有压缩空气进入油雾器时，钢球在弹簧力的作用下向上压紧在截止阀 10 的阀座上，封住加压通道，使此阀处于截止状态。

在气动系统正常工作过程中，若需向储油杯 5 中添加润滑油，则可以不停止供气而实现加油。此时只需拧松油塞 9，储油杯 5 的上腔 A 立即和外界大气沟通，油面压力下降至大气压，钢球在其上方的压缩空气的作用下向下压紧在截止阀 10 的阀座上，封住加压通道；同时由于吸油管 11 中的油压下降，单向阀 6 也处于截止状态，防止压缩空气反向通过节流阀 7 和吸油管 11 倒灌入储油杯 5，从而实现气动系统在不停气的情况下添加润滑油。

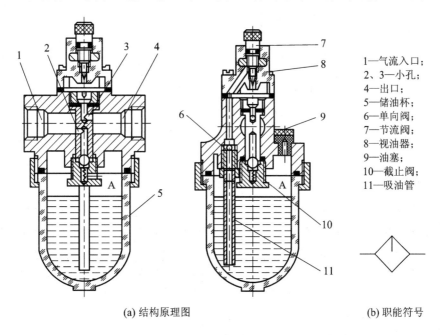

1—气流入口；
2、3—小孔；
4—出口；
5—储油杯；
6—单向阀；
7—节流阀；
8—视油器；
9—油塞；
10—截止阀；
11—吸油管

(a) 结构原理图　　　　　　　　(b) 职能符号

图 13 – 18　普通油雾器

3. 消声器

在气压传动系统之中，气缸、气阀等元件工作时，排气速度较高，气体体积急剧膨胀，会产生刺耳的噪声。噪声的强弱随排气的速度、排量和空气通道的形状而变化，排气的速度和功率越大，噪声也越大，一般可达 100～120 dB，为了降低噪声，可以在排气口加装消声器。

消声器就是通过阻尼或增加排气面积来降低排气速度和功率，从而降低噪声的。

气动元件使用的消声器一般有三种类型：吸收型消声器、膨胀干涉型消声器和膨胀干涉吸收型消声器。

图 13-19 所示为吸收型消声器，吸收型消声器主要依靠吸音材料消声。消音罩 2 为多孔的吸音材料，一般用聚苯乙烯或铜珠烧结而成。当消声器的通径小于 20 mm 时，多用聚苯乙烯作消音材料制成消声罩；当消声器的通径大于 20 mm 时，消音罩多用铜珠烧结，以增加强度。其消声原理是当有压气体通过消声罩时，气流受到阻力，声能量被部分吸收而转化成热能，从而降低了噪声强度。

吸收型消声器结构简单，具有良好的消除中、高频噪声的性能。消声效果大于 20 dB。在气压传动系统中，排气噪声主要是中、高频噪声，尤其是高频噪声，所以采用这种消声器是合适的。在主要是中低频噪声的场合，应使用膨胀干涉型消声器。

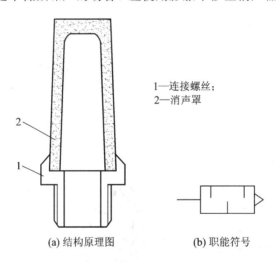

1—连接螺丝；
2—消声罩

(a) 结构原理图　　　　　(b) 职能符号

图 13-19　吸收型消声器

4. 管道连接件

管道连接件包括管子和各种管接头，有了管子和各种管接头，才能把气动控制元件、气动执行元件以及辅助元件等连接成一个完整的气动控制系统，因此，实际应用中，管道连接件是不可缺少的。

管子可分为硬管和软管两种。总气管和支气管等一些固定不动的、不需要经常装拆的地方使用硬管。连接运动部件、临时使用、希望装拆方便的管路应使用软管。硬管有铁管、铜管、黄铜管、紫铜管和硬塑料管等；软管有塑料管、尼龙管、橡胶管、金属编织塑料管以及挠性金属导管等。常用的是紫铜管和尼龙管。

气动系统中使用的管接头的结构及工作原理与液压管接头基本相似，分为卡套式、扩口螺纹式、卡箍式、插入快换式等。

【任务实施】

一、实训目的

通过拆装气压元件，使学生熟悉各类气动元件的结构特点，加深对各元件工作原理的理解，掌握元件的工作原理及应用场合。

二、实训用工具及材料

内六角扳手、活口扳手、螺丝刀、铜棒、各类气动元件。

三、实训内容

1. 气缸的拆装

气缸是气动系统中最常用的一种执行元件。与液压缸相比，气缸具有结构简单、制造成本低、污染少、便于维修、动作迅速等优点，但由于其推力小，因此广泛用于轻载系统中。

2. 减压阀

由于气源空气压力往往比每台设备实际所需要的压力高，同时压力波动值比较大，因此需要用减压阀将其压力减到每台设备实际所需要的压力。减压阀的作用是将输出压力调节在比输入压力低的调定值上，并保持不变。减压阀也称调压阀。与液体减压阀一样，气动减压阀也以出口压力为控制信号。

3. 节流阀

与液压流量控制阀一样，气压传动中的流量控制阀也是通过改变阀的通流面积来实现流量控制的，其中包括节流阀、单向节流阀、排气消声节流阀等。

4. 方向控制阀

气动方向控制阀也分为单向阀和换向阀。但由于气压传动的特点，气动换向阀按结构不同分为滑阀式、截止式、平面式、旋塞式和膜片式，按控制方式分为电磁控制、气压控制、机械控制、手动控制等。

5. 气动三联件

三联件指分水滤气器、减压阀、油雾器，在气动系统中起着过滤、调压及雾化润滑油的作用。

6. 管接头

管接头在系统中起连接管道的作用，实训室使用的是快换管接头。

7. 消声器

气缸、气阀等排出废气时，其排气速度较快，因气体体积的突然变化会产生很大的噪声，消声器就是减少排气噪声的辅件。

四、注意事项

（1）请参考示意图进行拆与装。

（2）拆装时请记录元件及解体零件的拆卸顺序和方向。

（3）拆卸下来的零件，尤其泵体内的零件，要做到不落地、不划伤、不锈蚀等。

（4）拆装个别零件需要专用工具。例如，拆轴承需要用轴承起子，拆装卡环需要用内卡钳等。

（5）当需要敲打某一零件时，请用铜棒，切忌用铁棒或钢棒。

（6）拆卸（或安装）一组螺钉时，用力要均匀。

（7）安装前要给元件去毛刺，用煤油清洗，然后晾干元件，切忌用棉纱擦干元件。

（8）检查密封有无老化现象，如果有，请更换新的密封件。

（9）安装时不要将零件装反，注意零件的安装位置。有些零件有定位槽孔，一定要对准。

（10）安装完毕，检查现场有无漏装元件。

【知识检测】

1. 气源装置由哪些基本设备组成？各设备的作用是什么？

2. 说明空气压缩机的工作原理。

3. 减压阀、节流阀的工作原理是什么？

4. 气缸有哪些类型？其工作原理是什么？

5. 气动换向阀和液动换向阀有什么区别？

6. 换向型方向控制阀有哪几种控制方式？简述其主要特点。

学习情境 14　气动回路

【任务描述】

图 14-1 所示为一气压实训台的回路装调,那么气压传动有哪些回路?能实现哪些功能呢?这部分的学习任务就是了解气压传动的各种基本回路。

图 14-1　气压回路图

【任务分析】

要了解气动系统回路的工作原理,进一步熟悉组成回路的各个元器件结构和工作原理,为分析和设计气动系统奠定基础。

【任务目标】

(1) 掌握气动方向控制回路的工作原理及连接方法;
(2) 掌握气动速度控制回路的工作原理及连接方法;
(3) 掌握气动压力控制回路的工作原理及连接方法。

【相关知识】

气压传动基本回路由一些气动元件组成,能够完成气动系统的某一特定功能。气动基本回路主要有压力控制回路、速度控制回路和方向控制回路等。

一、压力控制回路

1. 一次压力控制回路

一次压力控制回路主要用来控制储气罐内的压力,使其不超过规定值。如图 14-2 所示,在空压机的出口安装溢流阀,当储气罐内压力达到调定值时,溢流阀即开启排气。也可在储气罐上安装电接点压力计,当压力达到调定值时,用其直接控制空气压缩机的停止或启动。

2. 二次压力控制回路

二次压力控制回路主要用来控制气动系统中设备进口处的压力。如图 14-3 所示,该回路通过安装一个减压阀来实现压力控制,提供给气动设备稳定的工作压力。

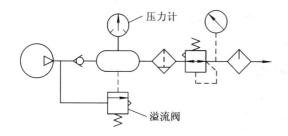

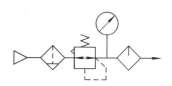

图 14-2　一次压力控制回路　　　　　图 14-3　二次压力控制回路

3. 高低压转换回路

气动系统中,各气动设备所需的工作压力可能不同。图 14-4 所示的高低压转换回路中,采用两个减压阀得到两个不同的控制压力,并用换向阀控制输出气动系统所需的压力。

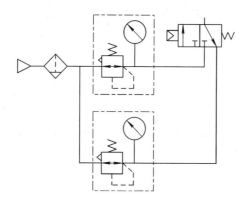

图 14-4　高低压转换回路

二、速度控制回路

1. 单作用气缸速度控制回路

1)调速回路

如图 14-5 所示,通过两个反向安装的单向节流阀,可实现对气缸活塞伸出和缩回速度的双向控制。

2)快速返回回路

如图 14-6 所示,气缸活塞上升时,可通过节流阀实现节流调速,而活塞下降时,则可通过快速排气阀快速排气,使活塞杆快速返回。

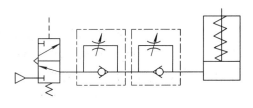

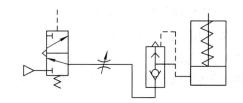

图 14-5　单作用气缸调速回路 　　　　　　　图 14-6　快速返回回路

2. 双作用气缸速度控制回路

1）调速回路

图 14-7 所示为双作用气缸单向调速回路，其中，图（a）为进口节流调速回路，图（b）为出口节流调速回路，通常也称为节流供气和节流排气调速回路。由于采用节流供气时，节流阀的开度较小，造成进气流量小，不能满足因活塞运动而使气缸容积增大所需的进气量，所以易出现活塞运动不平稳及失控现象，故节流供气调速回路多用于垂直安装的气缸，而水平安装的气缸则一般采用节流排气调速回路。在气缸的进、排气口都装上节流阀，则可实现进、排气的双向调速，构成双向调速回路。

2）缓冲回路

如图 14-8 所示，当活塞向右伸出时，气缸左端进气，右端排气通过机控换向阀再经三位五通阀排出；当活塞向右运动到接近行程末端时，活塞压下机控换向阀，切断机控换向阀到三位五通阀的排气通路，气缸右端排气只能通过节流阀再经三位五通阀排出，起到活塞行程末端缓冲变速的作用。改变机控换向阀的安装位置，即可改变缓冲的开始时刻，以达到良好的缓冲效果。

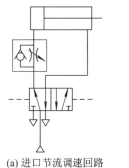

(a) 进口节流调速回路　　(b) 出口节流调速回路

图 14-7　双作用气缸单向调速回路

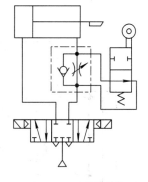

图 14-8　缓冲回路

三、方向控制回路

1. 单作用气缸换向回路

图 14-9 所示为单作用气缸换向回路。其中，图（a）为由二位三通电磁换向阀控制的换向回路。当换向阀电磁铁通电时，活塞杆在气压作用下伸出，而断电时换向阀复位，活塞杆在弹簧力作用下缩回。图（b）为由三位五通电磁阀控制的换向回路。它与图（a）不同的是，能在换向阀两侧电磁铁均为断电（即中位工作）时使气缸停留在任意位置。但由于气体的可压缩性，活塞的定位精度不高，而且停止时间不能过长。

2. 双作用气缸换向回路

双作用气缸换向回路如图 14-10 所示。其中，图(a)和图(b)分别是由双气控二位五通阀和中位封闭式双气控三位五通阀控制的换向回路，其实现的功能与单作用气缸换向回路相似，但应注意不能在换向阀两侧同时加等压气控信号，否则气缸易出现误动作。

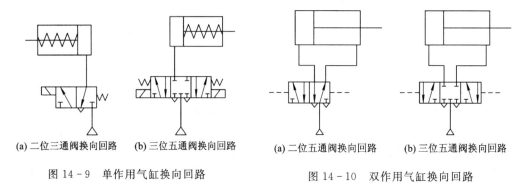

| (a) 二位三通阀换向回路 | (b) 三位五通阀换向回路 | (a) 二位五通阀换向回路 | (b) 三位五通阀换向回路 |

图 14-9　单作用气缸换向回路　　　　　图 14-10　双作用气缸换向回路

四、气动系统实例

气动技术是实现工业生产机械化、自动化的方式之一，在生产实践中应用广泛，下面简要介绍两种典型的气动系统。

1. 气液动力滑台气动系统

1) 快进—工进—快退—停止工作循环

当气动系统各元件处于如图 14-11 所示的工作位置时，将阀 3 手动切换到右位，压缩

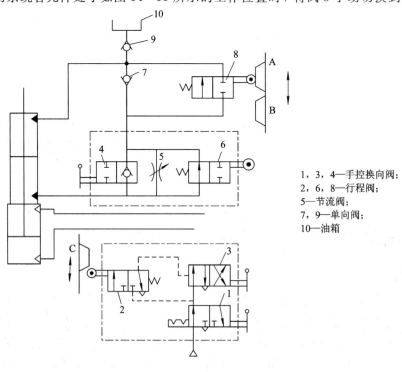

1, 3, 4—手控换向阀;
2, 6, 8—行程阀;
5—节流阀;
7, 9—单向阀;
10—油箱

图 14-11　气液动力滑台的气动系统

空气经阀 1 和阀 3 进入气缸上腔，活塞下移，液压缸下腔的油液经阀 6 和阀 7 快速流回液压缸上腔，实现快进；当快进至活塞杆上的挡铁 B 压下行程阀 6 后，液压缸下腔的油液只能经节流阀 5 和阀 7 流回液压缸上腔，实现工进，调节节流阀 5 的开度即可调节工进速度；活塞杆继续进给至其上的挡铁 C 压下行程阀 2 后，阀 3 左侧收到气控信号并切换到左位，压缩空气转而进入气缸的下腔，使活塞上移，液压缸上腔的油液经阀 8 左位（此时挡铁 A 已运动到将阀 8 松开的位置，阀 8 已复位）和阀 4 右位中的单向阀快速流回液压缸下腔，实现快退；当快退至挡铁 A 将阀 8 压下时，截断液压缸上下腔间的回油油路，活塞停止运动。挡铁 A 的位置决定了活塞"停"的位置，而挡铁 B 的位置则决定了何时由快进转换为工进。图中的油箱 10 用来给液压缸补油，以弥补泄漏损失，一般可用油杯代替。

2）快进—工进—慢退—快退—停止工作循环

将系统中的手动阀 4 切换至左位工作，则可实现快进—工进—慢退—快退—停止的双向进给运动。其中快进和工进的动作原理与"快进—工进—快退—停止工作循环"中快进和工进的动作原理相同，在换向阀 3 切换到左位工作时，活塞开始上行。此时，行程阀 6 已被挡铁 B 压下处于关闭位置，由于阀 4 也处于关闭位置，因此液压缸上腔的油液只能经节流阀 5 流回液压缸下腔，实现慢退；当慢退至挡铁 B 离开了行程阀 6 时，阀 6 复位，液压缸上腔的油液可经阀 6 快速流回下腔，实现快退。

2. 机床夹具气动夹紧系统

机床夹具气动夹紧系统如图 14-12 所示，其工作循环为：垂直缸 A 活塞杆下降将工件压紧→两侧气缸 B 和 C 活塞杆伸出并夹紧工件两侧→停止一段时间（钻削加工）→各夹紧缸退回并松开工件。

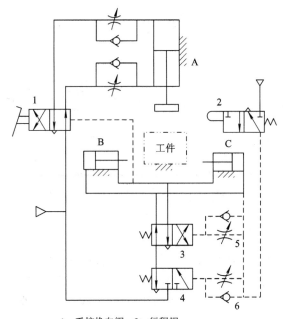

1—手控换向阀；2—行程阀；
3、4—气控换向阀；5、6—单向节流阀

图 14-12 机床夹具气动夹紧系统

【任务实施】

一、实训目的

1. 通过气动回路的连接、安装，掌握元件的工作原理。
2. 掌握单作用气缸的直接控制回路。

二、实训元件

本实训所需元件如表 14-1 所示。

表 14-1 实验所需使用的元件

名 称	型 号	符 号	数 量
三联件	AC2000-D		1
按钮阀常闭式	MSV98322PPC		1
带压力表的减压阀	AR2000		1
单作用气缸	MSAL20-75-S		1
气管	φ6		若干

三、操作步骤

（1）根据实验要求，将元件安装在实验屏上。

（2）根据气动回路图，用塑料软管和附件将气动元件连接起来。

（3）按图 14-13 所示将回路连接起来后，打开气源，开始实验。按下常闭式按钮，压缩空气从按钮阀进气口（P 口）经过按钮阀到达出气口（A 口），并克服气缸活塞复位弹簧的阻力，使活塞杆伸出。松开按钮，按钮阀中的复位弹簧使阀回到初始位置，气缸活塞缩回，压缩空气从按钮阀（R 口）排放。

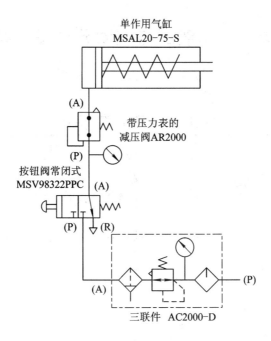

图 14 - 13 气动回路

【知识检测】

1. 什么是气动方向控制回路?

2. 什么是气动调速回路?

3. 分析如图 14 - 14 所示的回路工作过程示意图,并指出元件的名称。

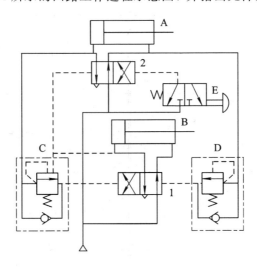

图 14 - 14 回路工作过程示意图

附录　常用液压与气动元件图形符号

（摘自 GB/T786.1—1993）

附表 1　基本符号、管路及连接

名　称	符　号	名　称	符　号
工作管路	——	管端连接于油箱底部	
控制管路	-----	密闭式油箱	
连接管路		直接排气	
交叉管路		带连接措施的排气口	
柔性管路		带单向阀的快换接头	
组合元件线	— · — · —	不带单向阀的快换接头	
管口在液面以下的油箱		单通路旋转接头	
管口在液面以上的油箱		三通路旋转接头	

附表 2 控制机构和控制方法

名　称	符　号	名　称	符　号
按钮式人力控制		气压先导控制	
手柄式人力控制		比例电磁铁	
踏板式人力控制		加压或泄压控制	
顶杆式机械控制		内部压力控制	
滚轮式机械控制		外部压力控制	
弹簧控制		液压先导控制	
单作用电磁控制		电-液先导控制	
双作用电磁控制		电磁-气压先导控制	

附表 3　泵、马达、缸

名　称	符　号	名　称	符　号
单向定量液压泵		单向变量液压泵	
双向定量液压泵		双向变量液压泵	
单向定量马达		摆动马达	
双向定量马达		单作用弹簧复位缸	详细符号　简化符号
单向变量马达		单作用伸缩缸	
双向变量马达		双作用单活塞杆缸	详细符号　简化符号
定量液压泵－马达		双作用双活塞杆缸	详细符号　简化符号
变量液压泵-马达		双作用伸缩缸	
压力补偿变量泵			
液压电源		双项缓冲缸（可调）	详细符号　简化符号
单项缓冲缸（可调）	详细符号　简化符号		

附表 4　压 力 控 制 元 件

名　称	符　号	名　称	符　号
直动型溢流阀		直动型减压阀	
先导型溢流阀		先导型减压阀	
先导型比例电磁溢流阀		溢流减压阀	
双向溢流阀		直动顺序阀	
卸荷阀		先导顺序阀	
压力继电器	详细符号　　一般符号	行程开关	详细符号　　一般符号

附表 5　流量控制元件

名　称	符　号	名　称	符　号
不可调节流阀		可调节流阀	详细符号 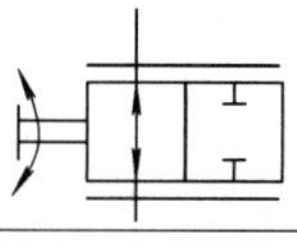 简化符号 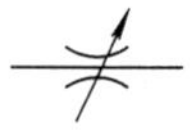
温度补偿调速阀	详细符号 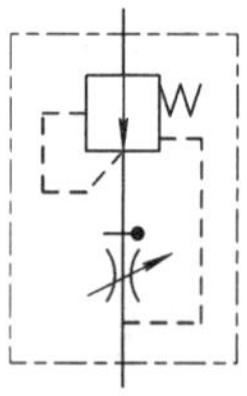 简化符号 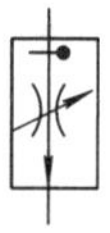	带消声器调速阀	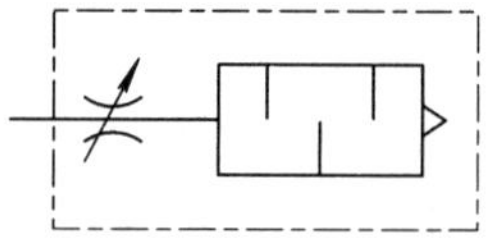
调速阀	详细符号 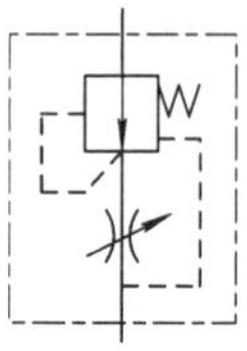 简化符号 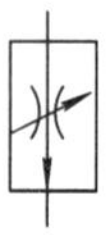	旁通型调速阀	详细符号 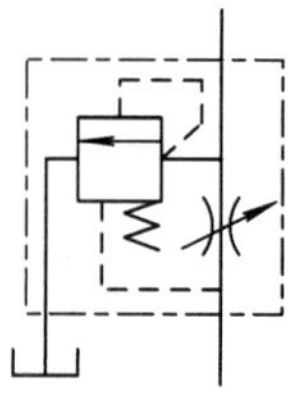 简化符号 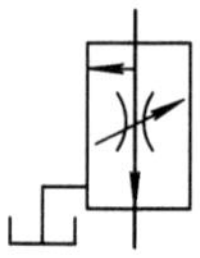

附表 6　方向控制元件

名　称	符　号	名　称	符　号
二位二通换向阀	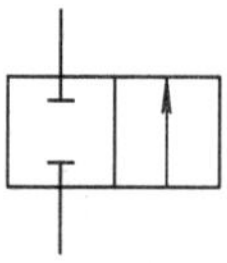 (常闭)	二位四通换向阀	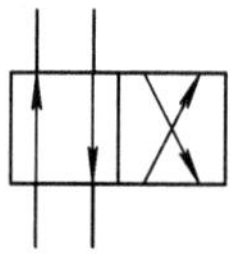
二位三通换向阀	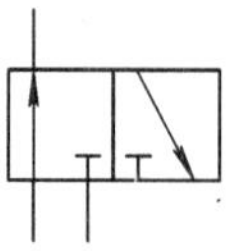	二位五通换向阀	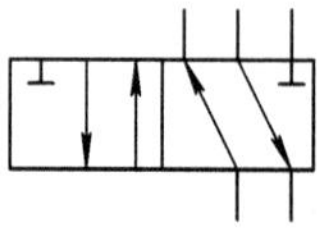
三位四通换向阀	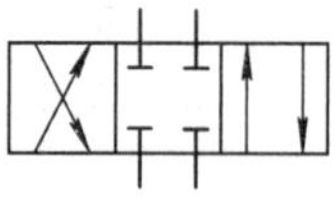	三位五通换向阀	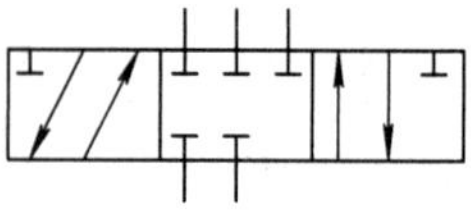
单向阀	详细符号 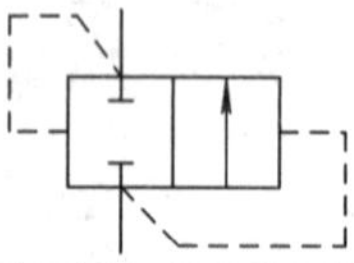	液控单向阀	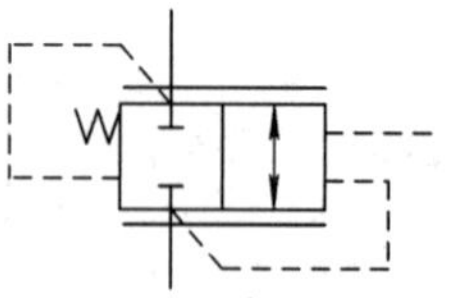 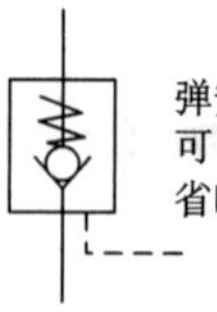 弹簧可以省略
液压锁	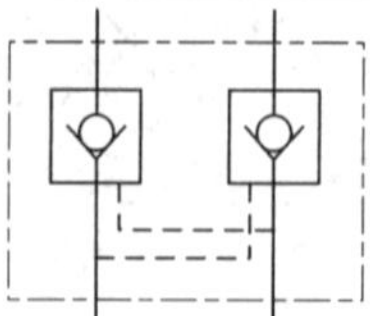	快速排气阀	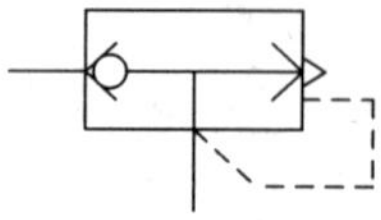

附表 7　辅 助 元 件

名　称	符　号	名　称	符　号
过滤器		蓄能器 （一般符号）	
污染 指示 过滤器		蓄能器 （气体隔离式）	
磁芯 过滤器		压力计	
冷却器		温度计	
加热器		液面计	
流量计		电动机	
原动机		气压源	
分水 排水器		压力 指示器	
		油雾器	
空气 过滤器		消声器	
		空气- 干燥器	
除油器		气源 调节 装置	
		气- 液转换器	

参 考 文 献

[1]　杨健. 液压与气动技术[M]. 北京：北京邮电出版社，2014.

[2]　段彩云，石磊. 液压与气动技术[M]. 北京：北京出版社，2014.

[3]　胡海涛. 气压与液压传动控制技术[M]. 北京：北京理工大学出版社，2014.

[4]　张福臣. 液压与气压传动[M]. 北京：机械工业出版社，2006.

[5]　李新德，郑春禄，等. 液压与气动技术[M]. 北京：北京航空航天大学出版社，2013.

[6]　符林芳，高利平. 液压与气压传动技术[M]. 北京：北京理工大学出版社，2016.

[7]　天煌教仪. THHPYZ-1型液压元件拆装实训台实验指导书. 浙江天煌科技实业有限公司.